新世界少年文库

未来少年
FOR FUTURE YOUTHS

人类往何处去

小多（北京）文化传媒有限公司　编著

新世界出版社
NEW WORLD PRESS

图书在版编目（CIP）数据

人类往何处去 / 小多（北京）文化传媒有限公司编
著 . -- 北京：新世界出版社，2022.2
（新世界少年文库 . 未来少年）
ISBN 978-7-5104-7370-8

Ⅰ . ①人… Ⅱ . ①小… Ⅲ . ①人工智能 – 少年读物
Ⅳ . ① TP18-49

中国版本图书馆 CIP 数据核字 (2021) 第 236409 号

新世界少年文库 · 未来少年

人类往何处去 RENLEI WANG HECHU QU

小多（北京）文化传媒有限公司　编著

责任编辑：王峻峰
特约编辑：阮　健　刘　路
封面设计：贺玉婷　申永冬
版式设计：申永冬
责任印制：王宝根
出　　版：新世界出版社
网　　址：http://www.nwp.com.cn
社　　址：北京西城区百万庄大街 24 号（100037）
发 行 部：（010）6899 5968（电话）　　（010）6899 0635（电话）
总 编 室：（010）6899 5424（电话）　　（010）6832 6679（传真）
版 权 部：+8610 6899 6306（电话）　　nwpcd@sina.com（电邮）
印　　刷：小森印刷（北京）有限公司
经　　销：新华书店
开　　本：710mm×1000mm　1/16　尺寸：170mm×240mm
字　　数：113 千字　　　　　印张：6.25
版　　次：2022 年 2 月第 1 版　2022 年 2 月第 1 次印刷
书　　号：ISBN 978-7-5104-7370-8
定　　价：36.00 元

编委会

阅读优秀的科普著作
是愉快且有益的

目前，面向青少年读者的科普图书已经出版得很多了，走进书店，形形色色、印制精良的各类科普图书在形式上带给人们眼花缭乱的感觉。然而，其中有许多在传播的有效性，或者说在被读者接受的程度上并不尽如人意。造成此状况的原因有许多，如选题雷同、缺少新意、宣传推广不力，而最主要的原因在于图书内容：或是过于学术化，或是远离人们的日常生活，或是过于低估了青少年读者的接受能力而显得"幼稚"，或是仅以拼凑的方式"炒冷饭"而缺少原创性，如此等等。

在这样的局面下，这套"新世界少年文库·未来少年"系列丛书的问世，确实带给人耳目一新的感觉。

首先，从选题上看，这套丛书的内容既涉及一些当下的热点主题，也涉及科学前沿进展，还有与日常生活相关的内容。例如，深得青少年喜爱和追捧的恐龙，与科技发展前沿的研究密切相关的太空移民、智能生活、视觉与虚拟世界、纳米，立足于经典话题又结合前沿发展的飞行、对宇宙的认识，与人们的健康密切相关的食物安全，以及结合了多学科内容的运动（涉及生理学、力学和科技装备）、人类往何处去（涉及基因、衰老和人工智能）等主题。这种有点有面的组合性的选题，使得这套丛书可以满足青少年读者的多种兴趣要求。

其次，这套丛书对各不同主题在内容上的叙述形式十分丰富。不同于那些只专注于经典知识或前沿动向的科普读物，以及过于侧重科学技术与社会的关系的科普读物，这套丛书除了对具体知识进行生动介绍之外，还尽可能地引入了与主题相关的科学史的内容，其中有生动的科学家的故事，以及他们曲折探索的历程和对人们认识相关问题的贡献。当然，对科学发展前沿的介绍，以及对未来发展及可能性的展望，是此套丛书的重点内容。与此同时，书中也有对现实中存在的问题的分析，并纠正了一些广泛流传的错误观点，这些内容将对读者日常的行为产生积极影响，带来某些生活方式的改变。在丛书中的几册里，作者还穿插介绍了一些可以让青少年读者自己去动手做的小实验，这种方式可以令读者改变那种只是从理论到理论、从知识到知识的学习习惯，并加深他们对有关问题的理解，也影响到他们对于作为科学之基础的观察和实验的重要性的感受。尤其是，这套丛书既保持了科学的态度，又体现出了某种人文的立场，在必要的部分，也会谈及对科技在过去、当下和未来的应用中带来的或可能带来的负面作用的忧虑，这种对科学技术"双刃剑"效应的伦理思考的涉及，也正是当下许多科普作品所缺少的。

最后，这套丛书的语言非常生动。语言是与青少年读者的阅读感受关系最为密切的。这套丛书的内容在很大程度上是以青少年所喜闻乐见的风格进行讲述的，并结合大量生动的现实事例进行说明，拉近了作者与读者的距离，很有亲和力和可读性。

总之，我认为这套"新世界少年文库·未来少年"系列丛书是当下科普图书中的精品，相信会有众多青少年读者在愉悦的阅读中有所收获。

刘 兵

2021 年 9 月 10 日于清华大学荷清苑

在未来面前，永远像个少年

当这套"新世界少年文库·未来少年"丛书摆在面前的时候，我又想起许多许多年以前，在一座叫贵池的小城的新华书店里，看到《小灵通漫游未来》这本书时的情景。

那是绚丽的未来假叶永烈老师之手给我写的一封信，也是一个小县城的一年级小学生与未来的第一次碰撞。

彼时的未来早已被后来的一次次未来所覆盖，层层叠加，仿佛一座经历着各个朝代塑形的壮丽古城。如今我们站在这座古老城池的最高台，眺望即将到来的未来，我们的心情还会像年少时那么激动和兴奋吗？内中的百感交集，恐怕三言两语很难说清。但可以确知的是，由于当下科技发展的速度如此飞快，未来将更加难以预测。

科普正好在此时显示出它前所未有的价值。我们可能无法告诉孩子们一个明确的答案，但可以教给他们一种思维的方法；我们可能无法告诉孩子们一个确定的结果，但可以指给他们一些大致的方向……

百年未有之大变局就在眼前，而变幻莫测的科技是大变局中一个重要的推手。人类命运共同体的构建，是一项系统工程，人类知识共同体自然是其中的应有之义。

让人类知识共同体为中国孩子造福，让世界的科普工作者为中国孩子写作，这正是小多传媒的淳朴初心，也是其壮志雄心。从诞生的那一天起，这家独树一帜的科普出版机构就努力去做，而且已经由一本接一本的《少年时》做到了！每本一个主题，紧扣时代、直探前沿；作者来自多国，功底深厚、热爱科普；文章体裁多样，架构合理、干货满满；装帧配图精良，趣味盎然、美感丛生。

这套丛书，便是精选十个前沿科技主题，利用《少年时》所积累的海量素材，结合当前研究和发展状况，用心编撰而成的。既是什锦巧克力，又是鲜榨果汁，可谓丰富又新鲜，质量大有保证。

当初我在和小多传媒的团队讨论选题时，大家都希望能增加科普的宽度和厚度，将系列图书定位为倡导青少年融合性全科素养（含科学思维和人文素养）的大型启蒙丛书，带给读者人类知识领域最活跃的尖端科技发展和新锐人文思想，力求让青少年"阅读一本好书，熟悉一门新知，爱上一种职业，成就一个未来"。

未来的职业竞争几乎可以用"惨烈"来形容，很多工作岗位将被人工智能取代或淘汰。与其满腹焦虑、患得患失，不如保持定力、深植根基。如何才能在竞争中立于不败之地呢？还是必须在全科素养上面下功夫，既习科学之广博，又得人文之深雅——这才是真正的"博雅"、真正的"强基"。

刚刚过去的 2021 年，恰好是杨振宁 99 岁、李政道 95 岁华诞。这两位华裔科学大师同样都是酷爱阅读、文理兼修，科学思维和人文素养比翼齐飞。以李政道先生为例，他自幼酷爱读书，整天手不释卷，连上卫生间都带着书看，有时手纸没带，书却从未忘带。抗日战争时期，他辗转到大西南求学，一路上把衣服丢得精光，但书却一本未丢，反而越来越多。李政道先生晚年在各地演讲时，特别爱引用杜甫《曲江二首》中的名句："细推物理须行乐，何用浮名绊此身。"因为它精准地描绘了科学家精神的唯美意境。

很多人小学之后就已经不再相信世上有神仙妖怪了，更多的人初中之后就对未来不再那么着迷了。如果说前者的变化是对现实了解的不断深入，那么后者的变化则是一种巨大的遗憾。只有那些在未来之谜面前，摆脱了功利心，以纯粹的好奇，尽情享受博雅之趣和细推之乐的人，才能攀登科学的高峰，看到别人难以领略的风景。他们永远能够保持少年心，任何时候都是他们的少年时。

莫幼群

2021 年 12 月 16 日

机器人用手指尖扫描人类 DNA

本书图片来源：
Shutterstock；Wikimedia；
Virginia Center for Reproductive Medicine；
J. Craig Venter Institute；The Nobel Committee；
Rehabilitation Institute of Chicago；UMPC；
DARPA；Neuralink；Geire Kami
我们已经竭尽全力寻找图片和形象的所有权

第1章

[基因指令引领]
[人类的进化?]

- 人类的进化
- 备受争议的优生学
- 人造细胞"辛西娅"
- 生命的密码
- 基因工程的未来

人类的进化

我们是智人。在生物分类学里，作为人类的我们是：现代智人（Homo sapiens）。

智人是从猿人进化而来的。智人和猿人都是灵长类动物，同属于灵长目。灵长类动物的出现可追溯到距今6500万年前；南方古猿可追溯到距今400万年前；人属是在大约240万至230万年前的非洲，从南方古猿属分支出来的；而智人出现于距今20多万年前，一直存活到现在。

从物种分类的关系上看，人属是灵长目人科中的一个属，而现代智人是其中唯一幸存的物种。

众所周知，现代智人是迄今为止自然界的最高级生物：在人身上，囊括了世界上最复杂的物质组织形式与运动形式；思维和意识这些最高级的物质运动形式也为人类所独有。那么，人类的这些特质是如何形成的呢？

接受自然的选择

达尔文向人们表明，人类不是生来就统御世界的，而是经过缓慢的进化发展而来的，其核心观点是：物竞天择，适者生存。在同一种群中的个体存在着变异，那些具有能适应环境的有利变异的个体将存活下来，并繁殖后代，不具有有利变异的个体就会被淘汰。如果自然条件的变化是有方向的，那么在历史进程中，经过长期的自然选择，微小的变异不断累积而成为显著的变异，就可能导致亚种和新种的形成。

人科

人猿总科

类人猿下目

灵长目

狐猴   猴   长臂猿   红猩猩

任何生物的进化都要经历这样一个过程。

大多数的蛾子只在晚上才出来活动。白天时它们会躲在黑暗处或通过自身不醒目的颜色来伪装自己，以免受到那些捕食它们的鸟类及其他生物的攻击。如果一只蛾子能够很好地和它所处的环境融合，那么想要捕食它的鸟类就不容易发现它；如果它的伪装不那么成功，这只蛾子就有可能被吃掉。并非所有的蛾子都一样。那些更加容易被认出来的蛾子将会遭到天敌的捕食，而那些隐藏得比较好的蛾子则会幸存下来，繁衍生息。经过几代之后，新一代蛾子的伪装技能将进化得比它们的祖先强。以上便是一种进化过程，称为"自然选择"。地球上生存的每一个物种都面临这种选

与橡树皮纹理相近的桦尺蠖

择。自然选择使物种发生改变，以便更好地适应其周遭环境。

在上面那个例子里，以昆虫为食的鸟类就是蛾子生存环境中的一个组成部分。同样，蛾子也是以昆虫为食的鸟类生存环境中的一个组成部分。地球上生存的每一个有机体都要与成千上万种其他物种打交道，以这样或那样的方式相互影响。最终的结果便是生态平衡，而生态平衡无时无刻不在进行着微调。

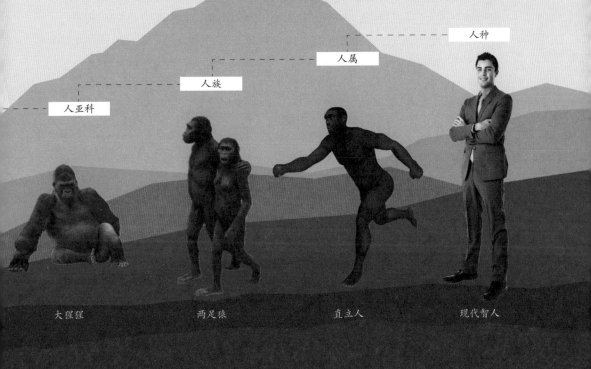

人种

人属

人族

人亚科

大猩猩　　　两足猿　　　直立人　　　现代智人

进化造"人"

我们通过化石和 DNA（脱氧核糖核酸，一种遗传物质）了解我们的祖先。

头骨能告诉我们很多有关人类进化的信息。从头骨化石的形状和大小我们能看出最早的人类（即能人）的脑很小，脑容量为 600~800 毫升，且前额后倾，下巴比现代人的下巴大，而且更突出。虽然能人和现代人长得不一样，但我们可以认出能人是人类的亲戚。因为从外表上看，能人长得更像人类而非猩猩。

查尔斯·罗伯特·达尔文（Charles Robert Darwin，1809—1882），英国博物学家，进化论的奠基人。达尔文认为，所有生物物种都是由少数共同祖先经过长时间的自然选择过程演化而成的。1859 年他发表了进化论巨著《物种起源》

随着时间的推移，人类的脑容量变得越来越大，头骨也随之变得越来越圆。现代人之所以长着高高的前额，正是因为脑容量特别大。随着人类的头骨大小和形状发生改变，人类的下巴和牙齿也变得越来越小。这是因为那时的人类已经能够使用工具将食物切开或碾碎，而不必仅仅依靠用力咬。由于大块下颌肌肉以及巨型牙齿已派不上用场，它们便很快变得比以前小多了。而食物对人类进化的重要性远不止于此。

人类大大的脑袋需要大量葡萄糖来维持运行。科学家们计算过，如果只吃那些需要耗费大量能量来消化的生的食物的话，人类基本上需要每天吃个不停才能生存下来。火的发现以及将火用在烹制食物上，对人类的进化产生了巨大影响。火烤熟的食物更加容易消化，用火烹制食物使人类祖先只吃一定量的食物就能够满足不断变大的脑袋的能量需求，而不用一天到晚吃个不停。与此同时，进化规律起作用了，人类身上的肌肉与其他猿类相比变得不那么强壮。此外，人类的肠子也变短了，这样一来，一些原来补给肌肉和消化器官的能量此时可以补给大脑了。

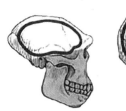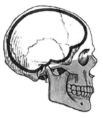

直立人（左）和现代智人（右）的大脑容量比较

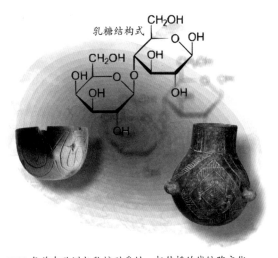

乳糖结构式

7500年前在欧洲与乳糖耐受性一起传播的线纹陶文化

现代人类（即智人）于20多万年前出现，大约在13万到9万年前走出非洲。这些智人的脑容量已超过1300毫升。线粒体DNA隐藏有人类迁徙的方向和时间等信息，同时也记载了与其他种类的人类的相遇信息。

基因突变是进化的根源

上面所描述的是人类在"物竞天择，适者生存"这个原则下的进化方向。在进化的个体里，比如说在人体里，是哪些物质的变化导致了这样的进化过程呢？

将从人类骨骼和基因组中获取的信息组合起来时，我们就可以解释这些变化。人类的基因揭示了人类的进化历程，包括人类是何时离开非洲到世界各地繁衍生息的。

研究证明，人类的脑容量变大与一类基因的改变有关，是这些基因控制着脑部和肌肉中葡萄糖的利用。生物的进化归根结底是基因突变引起的，而一个基因的微小突变就有可能引起生物的重大改变。生物的进化过程不是一个缓慢上升的斜坡，而是一连串的台阶。

许多基因突变与食物、疾病相关，而食物和疾病又因不同人群以及所处地理位置的不同而不同。例如，人类在婴儿时期大部分都能消化乳糖（一种在牛奶中发现的糖类），但成年后却丧失了这种能力。在距今大约7500年的欧洲，一个与消化乳糖有关的基因发生了突变，这一突变让人类在成年后也有能力消化乳糖。得到牛奶这种营养补充的人极为缓慢地淘汰了那些不能吸收牛奶中的养分的人，于是可以消化乳糖的人遍布欧洲。此后不久，乳品业在欧洲兴盛起来，牛奶及乳制品自此成为欧洲人饮食结构的重要组成部分。

同样，淀粉酶（一种分解淀粉的酶）基因的获得随着淀粉在人类饮食结构中所占比重的加大而在人群中增加。

人类的进化同样受疾病的影响，其中一些变化是最近才发生的。14世纪，黑死病在欧洲肆虐，夺走了上千万人的生命。然而并非每一个染上黑死病病菌的人都因此丧命，其中一些人并没有发病。这些人因为一种基因突变而获得部分或全部免疫。这种基因突变会遗传给他们的子孙。如今，这种基因可以在许多地区的人体中找到，在遭受过几次瘟疫或其他传染性疾病侵袭的地方，这种情况更是很常见。

现代人加速进化

人类学家对来自4个种族的270名志愿者进行了基因组分析，结果发现，现今的人类基因与5000年前的人类基因已存在很大差异，且这些差异大于5000年前人类与4万年前穴居人之间的进化差异。这说明人类的进化速度在加快，尤其是最近5000年来，人类已经开始"跑步前进"了。

在食物极大丰富的条件下，人类的生存和繁衍都变得比以前更容易。因此人们可能会以为，人类基本上已经不再向前进化，而实际情况并非如此。美国犹他大学人类学家亨利·哈彭丁领导的研究小组发现，人类基因组中有大约1800个基因呈加速进化状态，这一数目大约占整个人类基因组的7%。

最主要的原因是地球每天都在变化。与人类生活密切相关的地球变化，主要是地球磁场的变化。地球磁场在最近几千年来正在加速减弱。地球磁场的减弱，意味着地球接受的太阳辐射会增加，而太阳辐射的增加，会导致地球气候发生一系列变化，相应地

会导致人类的生活环境发生一系列变化。人类作为地球生物，为了生存和繁衍，势必要自觉适应这种变化带来的一切后果，这就迫使人类不得不"加速进化"。

另一个主要原因是人口膨胀。随着人类自身的不断发展壮大，人口增长的速度也在逐渐加快，特别是近5000年来。当人口激增时，人体基因组的基因变异数量也会随之增加，在这种情况下，那些有益于生存的变异基因被选择的概率也会增大，并得以逐渐传遍整个群体。

人类干预自身进化

在人类的进化史上，道德、语言、艺术、科学等的出现，均具有里程碑的意义。当进化到这个阶段，人类的意识就已经上升为能够主宰人类自身——人类要干预自身的进化了。

早期的人们发现，近亲婚配生下的子女中，总有一定比例的畸形、弱智或残疾的个体。于是各地人群都陆续开始自觉地禁止近亲婚配。

从现代遗传学的创立到对基因遗传病的认识，人类现在已经可以产前诊断几百种遗传病，可以对体外培养中的多个胚胎进行分子检测，然后再选择健康的胚胎植入子宫。

人类步入21世纪时，科学家已经能够使用简单的化学物质来制造有生命特征的细胞；通过基因工程，能够对人类自身基因进行"改良"，包括对人的生殖细胞中个别基因进行"修正"，直至重新构建整个基因组。靠自然进化要花成千上万年才能改变的东西，现在只需花一天时间就能通过基因改造来实现，而想要改变一群人也只需花一代人的时间。

那么，我们会这样做吗？我们可以随意修改人类基因，改良甚至创造新的人种吗？在随后的文章里，我们将讨论这些对人类来说至关重要的问题。

备受争议的优生学

詹娜的妈妈准备为詹娜生一个弟弟或妹妹，詹娜为此有点担心。

詹娜的姐姐阿丽莎很早就去世了，她患了岩藻糖苷贮积症，因为她的 FUCA1 基因发生了变异。正常情况下，这个基因可以编码细胞中不可或缺的几种酶。

阿丽莎去世后，詹娜才知道爸爸妈妈都携带了导致岩藻糖苷贮积症的基因。医生说，他们生下来的每个孩子有 25% 的可能患上岩藻糖苷贮积症。

事实上，父母都携带导致岩藻糖苷贮积症的基因时，后代中有 50% 是正常的，但是会携带致病基因，25% 会患病。詹娜是幸运的，她是剩下的那 25%，没有患病，也没有携带这种基因。

疾病遗传的规则

承载DNA的结构被称为染色体。人的细胞核里有 23 对染色体，这些染色体包含了一个有生命的人所需要的全部遗传信息。

	(父) FUCA1⁺	(父) FUCA1ᵐ
(母) FUCA1⁺	FUCA1⁺ FUCA1⁺ 正常基因	FUCA1⁺ FUCA1ᵐ 携带者
(母) FUCA1ᵐ	FUCA1⁺ FUCA1ᵐ 携带者	FUCA1ᵐ FUCA1ᵐ 患病

[染色体核型图，编号1至22及X、Y]

1　2　3　4　5
6　7　8　9　10　11　12
13　14　15　16　17　18
19　20　21　22　X Y 23

一个人从他母亲那里继承了一组共 23 条染色体，从父亲那里继承了一组共 23 条染色体，就组成了细胞里的 46 条也即 23 对染色体。在第 23 对染色体中，女性是两条 X 染色体，男性是 X、Y 染色体各一条

成对的染色体中的一条遗传自母亲，另一条来自父亲，它们形态、大小基本相同，含有相似的遗传信息，被称为同源染色体。当一个人从他母亲那里继承了一组共 23 条染色体，从父亲那里继承了一组共 23 条染色体，就组成了受精卵中的 46 条即 23 对染色体。每条染色体上包含有很多个基因，位于染色体上的各个基因都有固定的位置，这个位置被称为基因座。一对同源染色体同一基因座上控制同一性状不同形态的基因，被称为等位基因。

当个体带有一对不同的等位基因时，若其中一个等位基因对性状的影响显现出来，而另一个的影响未显现出来，则前者为显性基因，后者为隐性基因。显性基因决定的性状为显性性状，隐性基因决定的性状为隐性性状。隐性性状只有在控制性状的一对基因都为隐性基因时才能显现出来。

导致岩藻糖苷贮积症的基因是隐性基因。也就是说，除非父母双方都遗传给子代导致岩藻糖苷贮积症的基因，否则子代不会得岩藻糖苷贮积症；如果子代只继承了父亲或者母亲单方的导致岩藻糖苷贮积症的基因，那么只能说子代是这种基因的携带者，不会发病。

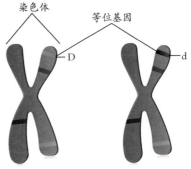

染色体　　　等位基因
D　　　d

在一对同源染色体的同一基因座上控制同一性状不同形态的基因被称为等位基因（如图中显性基因 D 和隐性基因 d）

基因过滤

詹娜的妈妈告诉她，不必担心，他们会在胚胎着床前进行基因诊断，保证未来的弟弟或妹妹跟她一样，带着健康的基因出生。

他们这次打算人工授精，就是在试管里对卵子授精，再将受精卵移植到子宫里面生长。

他们需要采取几项措施，比如先打排卵针，让母体排出多个卵子，然后对多个卵子授精。当胚胎发育到了 8 细胞阶段，也就是当受精卵分裂 3 次，成为 8 个细胞的胚胎阶段时，就可以分析细胞核，对 DNA 进行测序，确定它的 *FUCA1* 基因上来自父本和母本的基因座是否正常，并从中挑选一个 *FUCA1* 基因没有变异的胚胎。这个过程叫作"胚胎着床前基因诊断"（PGD）。

正常的、没有带致病基因的胚胎会被送入子宫腔着床，两个星期后就可以验孕了。

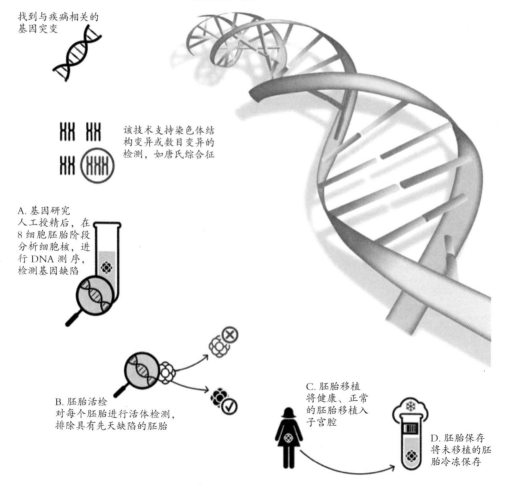

找到与疾病相关的基因突变

该技术支持染色体结构变异或数目变异的检测，如唐氏综合征

A. 基因研究
人工授精后，在 8 细胞胚胎阶段分析细胞核，进行 DNA 测序，检测基因缺陷

B. 胚胎活检
对每个胚胎进行活体检测，排除具有先天缺陷的胚胎

C. 胚胎移植
将健康、正常的胚胎移植入子宫腔

D. 胚胎保存
将未移植的胚胎冷冻保存

从 20 世纪 90 年代开始，PGD 被用于筛查严重的遗传性疾病。据文献报道，PGD 筛查的疾病多达 80 余种，常见的包括 β-地中海贫血、脊髓性肌萎缩、镰状细胞贫血、亨廷顿病、肌营养不良、血友病等。从理论上讲，凡可以通过产前诊断鉴别的疾病，都有可能应用 PGD 进行诊断。

配合试管婴儿技术，PGD 将带有潜在疾病基因的胚胎提早销毁，只留下无问题的胚胎，这样不但使遗传病家庭有生子的机会，还能筛检癌症等难治疾病的基因，实现人口健康化。

备受争议的优生学

优生，是一个古老的话题。"优生学"（Eugenics）这个词却到 1883 年才由英国人类学家高尔顿（Galton）创造。一百多年来，这门学科涉及的观念备受争议。20 世纪 30 年代，纳粹德国进行种族屠杀时就曾利用过这个概念。

高尔顿用优生学来表述一种以人类自觉选择来代替自然选择的方式方法。后来在学术界，优生学又被分成"消极优生学"和"积极优生学"。

消极优生学的目的是防止或减少有遗传性和先天性疾病的个体出生，即劣质的消除。前面詹娜的妈妈所采取的就是消极优生学的措施。在消极优生学里，遗传自然而然地来自父母，基因没有优劣，除非带有致病的因素。而积极优生学是要让那些能够表现"优秀"性状的基因被优先遗传。在 21 世纪这个基因时代，积极优生学意味着不但可以挑选"好"的基因，删除"不好"的基因，甚至还能插入非父母来源的基因。在这里，会用到基因编辑技术。

当我们发现病人患了与基因损伤相关的疾病时，可以修复损伤的基因序列并转移到病人的体细胞核里，以治疗疾病。目前在临床医疗中运用这种方法的，有修正镰状细胞贫血患者的红细胞和编辑免疫细胞的基因以提高抗癌能力等。

任何体细胞基因的修改和产生的效果将只体现在接受治疗的患者身上，并不会被患者的子女或后人继承。要让修改过的基因遗传给后代，就需要修改生殖细胞或胚胎的基因。

科学家描述了这种未来技术实施的可能结果：不但能够消除产生疾病的基因，还能改变后代的一些特质，如智力和运动能力。比如父母都很矮，又想要宝宝将来长得高，就可以通过操纵基因来完成。父母甚至能够为自己想要的孩子做一个愿望清单，科学家只要混合、匹配基因和等位基因就能制造所谓的"设计婴儿"了。

CRISPR/Cas9 基因编辑

　　基因编辑技术能够精确地改变人类的DNA。它能够修改DNA链的某些段落，能够"关闭"某些基因，也能够给人增加特定的基因。近些年来，关于基因编辑的研究已经取得了非常重大的进展，从最早的随机插入，到后来的有目的性的寻找靶序列，经历了许多改进和技术变革，精准度越来越高。

　　目前使用最广泛的基因编辑技术是 CRISPR/Cas9。它源于 CRISPR/Cas 系统，是原本就存在于原核生物免疫系统中的 DNA 片段。当原核生物受到外来入侵的时候，CRISPR/Cas 系统能识别出外源 DNA 并将其切断，从而让这些外来的 DNA 不能表达。

　　CRISPR/Cas9 是一个比较简单的依赖于 Cas9 蛋白的基因编辑技术。CRISPR/Cas9 的编辑过程，简单来说，是将向导 RNA、剪切蛋白 Cas9 和替代 DNA 输入细胞中，然后向导 RNA 确保切割发生在正确的位置，剪切蛋白 Cas9 将 DNA 的双链剪断，细胞自身的 DNA 修复机制马上会启动对 DNA 的修复，此时替代 DNA 片段被接入原有的 DNA。这样，就完成了对基因的修改。

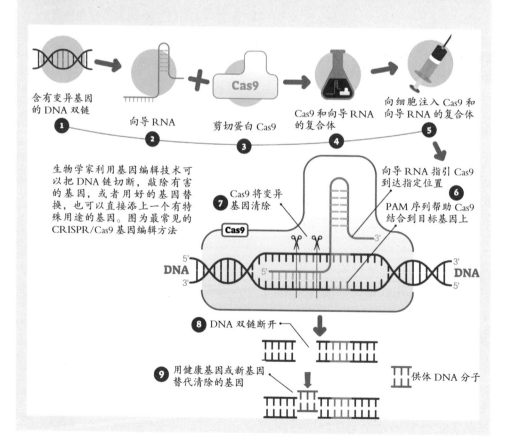

含有变异基因的 DNA 双链　❶

向导 RNA　❷

剪切蛋白 Cas9　❸

Cas9 和向导 RNA 的复合体　❹

向细胞注入 Cas9 和向导 RNA 的复合体　❺

生物学家利用基因编辑技术可以把 DNA 链切断，敲除有害的基因，或者用好的基因替换，也可以直接添上一个有特殊用途的基因。图为最常见的 CRISPR/Cas9 基因编辑方法

向导 RNA 指引 Cas9 到达指定位置　❻

PAM 序列帮助 Cas9 结合到目标基因上

❼ Cas9 将变异基因清除

Cas9

DNA　5'　3'

DNA　3'　5'

❽ DNA 双链断开

❾ 用健康基因或新基因替代清除的基因

供体 DNA 分子

向"转基因人"说"不"

这种对人类基因进行有遗传性的改造的技术从一开始就引起了全球范围的争议，涉及科学的可行性，还包括伦理与道德的问题。

人类基因组大约有2万个基因，目前还不知道所有基因的功能是什么，基因之间通过怎样互动来产生可表现的性状。所以，对一个基因进行修改，有可能导致意外的连锁反应。比如我们增加了一个基因，让一个人长得更高，结果也同样增加了他患癌症的风险。而这些不可知的性状，可能会通过遗传，一代一代地传下去。一旦进入遗传，基因变化将很难被消除，也不会仅仅局限在任何单一的社群或国家。

从道德方面看，利用改变生殖细胞的做法控制特质，有钱人就更有资源来改变自己的后代，比如成为运动员、科学家和聪明的人，而那些普通的人就更加处于劣势，或者受到歧视。

也有人认为，就算创造出的是理想的品种，但人类的生物多样性将越来越被限制在一个或几个理想品种中，这样会遏制人类未来改变的能力。一旦理想的生存环境发生改变，人类会变得更加脆弱，甚至灭绝。

"用于临床目的的人类胚胎DNA修改是一条不得跨越的界线。""人类基因组计划"的带头人、遗传学家弗朗西斯·柯林斯（Francis Collins）声明，"就修改人类胚胎DNA而言，目前存在无法量化的重大安全问题和伦理道德问题，而且并没有迫切的医学应用需求。"

联合国教科文组织国际生物伦理委员会在一份公告中称："对人类基因组的干预应仅出于预防、诊断或治疗目的，不能用于对后代进行改造。"他们指出，后者会"把全体人类固有的和平等的尊严置于危险境地，并将改写优生学"。

不过，门没有被完全锁上。2015年在华盛顿召开的人类基因编辑国际峰会的声明中，有这么一句："随着科学进步和社会认识的发展，对生殖细胞编辑的临床使用应定期重新审视。"

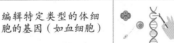

体细胞基因编辑	生殖细胞基因编辑
编辑特定类型的体细胞的基因（如血细胞）	编辑精子、卵细胞和早期胚胎的基因
编辑后的基因只存在于特定类型细胞内　其他细胞不受影响	编辑后的基因会复制到所有的细胞内，包括精子和卵细胞
编辑后的基因不会传递给下一代	编辑后的基因会传递给后代
针对体细胞的基因编辑疗法已经经历了20多年的研究和实验，管理非常规范	对人类生殖细胞进行编辑并让婴儿出生是新近才出现的，受到全球科学界的强烈反对

人造细胞"辛西娅"

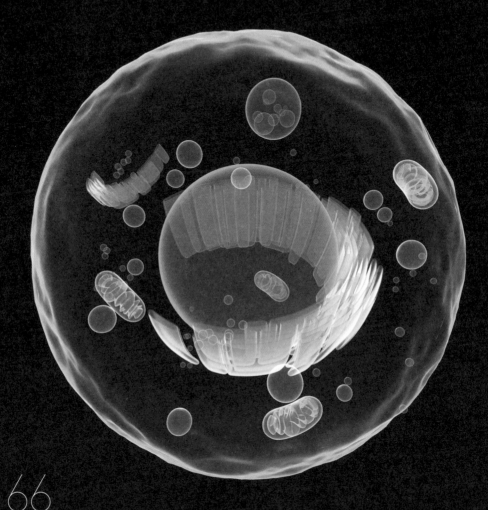

66

  40 多亿年前，甚至更久远的某个时刻，在地球上的火山口旁，自由游荡在热水中的甲烷、氨、磷酸等分子在相互碰撞后，偶然间发生了化合反应，形成了氨基酸、糖类等生物大分子。这些大分子进一步聚合，构成了具有特定功能的核酸、多糖与蛋白质。这些物质自发地聚在一起分工协作，使得这个集体拥有了自我选择与复制的本领。最终，生物膜结构将它们与周围的环境相隔离，细胞由此诞生。以此为起点，又经历了漫长岁月，地球上进化出了斑斓多姿的生命系统。

99

生命的繁衍

生命是一种奇妙的自然现象，它区别于简单的化学反应或者单调的机械运行而具有两个特征：首先，生命能从周围环境中吸收生存所需要的物质，并排放出不需要的物质，这种过程叫作"新陈代谢"；其次，生命具有自我复制和繁殖能力，并且能把自身的特性传递给下一代，使新产生的后代具有与父母基本相同的特性。

人类的祖先很早就学会了人工繁衍生命：种植农作物，驯化圈养牲畜，甚至通过杂交技术得到骡子、超级水稻等自然界本没有的生物。经过长期的研究与实践，人工改造过的细菌已广泛应用于食品加工、药物生产和环境治理等诸多领域。1996年，克隆羊"多利"（Dolly）诞生，它是第一只由体细胞核和去核卵细胞制造的人工胚胎孕育出来的哺乳动物，是人类在生物技术上的重大突破。然而，上述的技术基本上都是对自然界已经存在的生命形式的改进，人类智慧所能参与的只是生命零件的组装，还谈不上"制造生命"。

如何从最基本的无生命的小分子开始，跨越生命的门槛，生产出具有新陈代谢和自我复制能力的生物体？在这项工艺上，人类迟迟无从下手。

人类制造

2010年5月，《科学》杂志报道，美国科学家J.克雷格·文特尔（J. Craig Venter）和他20多人的研究团队用基本的化学品在实验室中人工合成了蕈状支原体（Mycoplasma mycoides）中控制遗传特性的基因组DNA，并将它们植入另一种名为山羊支原体（Mycoplasma capricolum）的细胞中。这是两种不同的支原体，而植入后产生的人造细胞表现出的是前者的生命特性。在人造DNA的控制下，新的支原体细胞能从环境中摄食，进行新陈代谢以及自我繁殖，也就是说它已经具备了生命的基本特征，成为历史上第一个被打上"人类制造"烙印的新物种。文特尔的团队将这种人造细胞称作"辛西娅"（Synthia），意思是"合成体"。

支原体是目前已知的地球上最小、最简单，并且能够独立地完成自我繁殖的原核微生物。它的基因组很短小，便于人为操作，文特尔团队制造生命的研究就从这类简单的微生

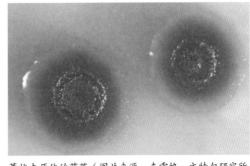

蕈状支原体的菌落（图片来源：克雷格·文特尔研究所）

物入手。这项工作最早开始于 1995 年，到 2007 年，文特尔团队就已经掌握了在两种支原体间转移天然基因组 DNA 的技术。2008 年，他们又成功地人工合成了支原体基因组 DNA。人造细胞"辛西娅"就是将这两种技术合而为一的成果。2016 年，他的研究所制造出"辛西娅 3.0"，仅含 473 个基因。这是目前已知最小的生命体基因组。文特尔表示，还会将这个生命体继续简化。

组装 DNA

通过基因测序技术，研究人员获得了蕈状支原体天然基因组的序列信息。即使是最简单的生命体，其基因组也含有超过 100 万个碱基。人类现有的机器还不能一下子就自动合成这么长的 DNA。因此，文特尔的团队就按照序列信息，先合成了 1078 条较短的 DNA 片段，它们平均有 1080 个碱基，然后在酵母细胞中进行拼接，再转入大肠杆菌或者利用生物技术仪器进行扩增，制成 109 条中等长度的 DNA 片段，再拼接成 11 条大片段，并最终将所有片段拼接起来，构成蕈状支原体的全长基因组。

与天然基因组相比，这个纯人工打造的 DNA 片段稍有不同：研究人员去除了 14 个不重要的基因；为了与天然的 DNA 序列区分开来，研究人员在人工合成的DNA中添加了"水印"标记序列；为了防止这个人造的新物种可能存在未知风险，研究人员还在该基因组中插入了两个人为可控的阻断基因。

第一个父母是电脑的物种

"人造细胞"的第二项技术，是将人工合成蕈状支原体基因组移植

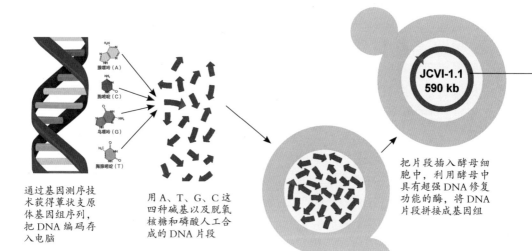

通过基因测序技术获得蕈状支原体基因组序列，把 DNA 编码存入电脑

用 A、T、G、C 这四种碱基以及脱氧核糖和磷酸人工合成的 DNA 片段

把片段插入酵母细胞中，利用酵母中具有超强 DNA 修复功能的酶，将 DNA 片段拼接成基因组

JCVI-1.1
590 kb

入山羊支原体内。为了避免人造的基因组 DNA 被山羊支原体细胞误认成可以消化的食物，研究人员在移入前还对这个 DNA 链进行了体外的化学"装扮"，让它尽量像山羊支原体原有的基因组。蕈状支原体和山羊支原体的基因组 75% 是相似的，当在山羊支原体中移植了人工合成DNA后，这些细胞明显表现出蕈状支原体的特性，说明这只占细胞重量 1% 的人造DNA已经成功控制了新细胞的生长。

从技术上讲，文特尔团队的"人造细胞"只是将支原体的基因组 DNA 进行了人工合成，而构成新细胞的其他成分都是来自已有的生命形式，移植 DNA 的技术也是早就实现了的。但这项历时 15 年、耗资数千万美元的研究成果，还是引起了包括生物学家在内的自然科学界以及伦理、哲学等人文领域的学者的广泛关注与讨论。

"在一个现代细胞中完成基因组合成具有里程碑意义，这将有助于我们去理解生命。"南丹麦大学物理学教授斯蒂恩·拉斯姆森（Steen Rasmussen）这样评价该项成果。美国加利福尼亚大学圣克鲁兹分校分子生物工程教授戴维·迪默（David Deamer）认为，这项研究使我们能更接近生命的起源："在实验室中创造的这种生命，或许与 40 亿年前地球上的第一个生命体是类似的。"美国哈佛医学院遗传学家乔治·丘奇（George Church）则预见了这项技术的应用价值："结合文特尔的技术，只需要更加低廉的费用，就能使科学家筛选出重要的产物，比如医药用品、燃料、化学制品，以及新颖的材料。"而这项研究的领导者文特尔则这样描述他的"辛西娅"："这是地球上第一个父母是电脑，却可以进行自我复制的物种。"

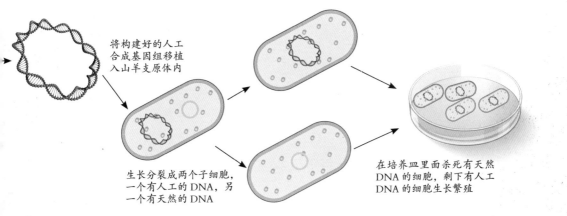

将构建好的人工合成基因组移植入山羊支原体内

生长分裂成两个子细胞，一个有人工的 DNA，另一个有天然的 DNA

在培养皿里面杀死有天然 DNA 的细胞，剩下有人工 DNA 的细胞生长繁殖

生命的密码

人体是由细胞组成的，细胞以复制和分裂的方式增长。进入一个细胞，可以看到各种各样的细胞器，还有位于细胞中央的细胞核。透过核膜，可以看到里面有许多"X"形的结构（这时细胞正在发生分裂），它们叫作染色体。细数一下，每个正在分裂的人体细胞中都有46个"X"形结构，它们两两配成一对，共23对。

如果把其中一个"X"形结构放

在显微镜下，随着镜头的拉近、放大，我们发现这个"X"形结构其实是由一根"细丝"不断地堆叠缠绕形成的。再往细处看，这根"细丝"也有着十分复杂的结构，它是由两股细丝缠绕而成的双螺旋结构。这就是DNA，学名脱氧核糖核酸。DNA以4种脱氧核糖核苷酸为单位连接而成，这4种脱氧核糖核苷酸分别含有A（腺嘌呤）、C（胞嘧啶）、G（鸟嘌呤）

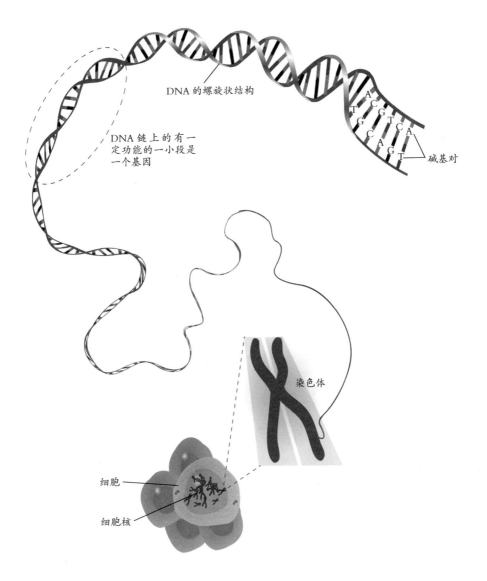

DNA的螺旋状结构

DNA链上的有一定功能的一小段是一个基因

碱基对

染色体

细胞

细胞核

和 T（胸腺嘧啶）4 种碱基。双螺旋的架构由一条条横杆支撑着，这些横杆就是碱基对，它们由碱基按照一定规律互补配对形成。

人体细胞内全部染色体上的碱基序列的总和，就是人类的基因组。基因组就用 A、C、G 和 T 四个字母谱写了生命的密码。

如果把这些字母全部打印出来，按照每页 2000 字的标准，它们将填满一本 130 米厚的平装书。

如果我们一天 24 小时一刻不停地朗读这些字母，按照 1 秒钟念 1 个字母这样的速度，读完这些字母至少需要 190 年。

……

在 DNA 长链中，一段具有一定功能（通常能控制不同类型的蛋白质合成）的特殊 DNA 序列，就是基因。基因是遗传的基本单位，控制着生物体的一切遗传特征，比如虹膜颜色和血型。在人类的 23 对染色体中，每条染色体上都有许多个基因，染色体之间拥有各自的不同基因。基因的长短各不相同，有的基因可能只有 300 个碱基对，而有的基因也许有上万个碱基对。基因组携带着全部的遗传信息。那么，DNA 长链中的全部碱基对是否一定属于某个基因呢？不是，构成基因的碱基对在基因组中所占的比例非常小，只有 1%~2%。我们现在所知的中心法则是：遗传信息从 DNA 传递给 RNA，再从 RNA 传递给蛋白质，即完成遗传信息的转录和翻译的过程。

2003 年，耗时 13 年之久的人类基因组计划（HGP）告一段落，所发布的人类基因组图谱覆盖了人类基因组区域的 99%。科学家同时发现，传统意义上的基因（即编码蛋白质的 DNA 片段）只有约 3.5 万个，而最终得到确认的基因只有 2.1 万个左右。剩余大量的 DNA 片段及转录产物一度被视为"垃圾"。为了彻底弄清人类基因组的功能组件，DNA 元件百科全书（ENCODE）计划启动。如果说基因组是一本"人体制造手册"，那么 ENCODE 则意在读懂这本手册，基因的转录调控、染色体修饰、复制起始位点的确定等都是研究的要点。ENCODE 研究结果显示，人类基因组内的非编码 DNA 至少 80% 是有生物活性的，它们以交叠的方式相互作用，共同控制着人类的生命活动。

研究不同病人与健康人之间的 DNA 序列差异，为在分子层面解释疾病发生的机制，为诊断、预防和治疗疾病提供新的线索，也将最终解决多年来困扰我们的疾病问题。当然，弄清楚地球上各种生物体的 DNA 序列也能帮助我们了解它们在自然方面的潜力，为我们更好地开展能源生产、环境修复、碳封存和农业生产提供有力的支持。

基因工程的未来

如果人体的每个细胞都含有完全相同的遗传信息,那么,只要复制一个基因组,科学家就能用它来培养任何类型的组织。科学家将采集基因组副本,为需要器官移植的病人制造新的、与他们的基因匹配的组织和器官。这一过程被称为克隆。他们将能克隆器官,如肾脏、肺和心脏,来帮助需要的人进行器官移植。

基因研究可以大量地应用在医学上,比如可以将病原体非致病部分的基因导入人体内,使人体产生对该病原的抗体,即基因疫苗。

对于癌症、阿尔茨海默病等疾病的病因研究也将会受益于基因组遗传信息的破解。使用基因检测,可以预测包括乳腺癌、凝血功能障碍、纤维性囊肿、肝癌在内的很多疾病。

除了找出致病的变异基因,未来还要找出那些在维护健康方面起重要作用的变异,比如找出"健康种群"。将非常健康的个体组成的人群与患病的人群进行比较,集中研究某些等位基因,以便修复患病人群的这些等位基因。

在过去,制药产业在很大程度上依赖有限的药物靶标来开发新的治疗手段。了解人类的全部基因和蛋白质将极大地扩展适合药物靶标的寻找范围。虽然仅有小部分的人类基因可以作为靶标基因,但这个数目据预测将在几千以上,广阔的前景将促进基因组研究在药物研究和开发中大展身手。

一旦科学家完全阐释了基因组的全部基因及其功能,这方面的科学应用就有了很多种可能。更重要的是,基因研究的成本在急速下降。正如领导"人类基因组计划"的科学家弗朗西斯·柯林斯所说:鉴定人类遗传疾病的致病基因,曾经是一个繁复的任务,需要一个庞大的研究团队多年努力工作;而现在只需一个研究生一周以内的常规工作就能完成。未来只需更少的费用就能完成一个人的基因组测序。

科学家将能够利用基因信息做很多事情,有些将造福人类,有些却可能存在争议。要确定哪些可以接受,哪些不可以接受,则取决于社会。

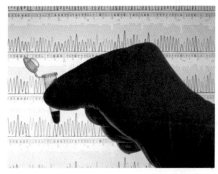

在不远的将来,每个人都可以有自己的基因序列表,用于个人的各种医疗

第II章

[人类身体衰老] 能逆转吗？

- 衰老与自由基
- 慢慢变短的端粒
- 千年寿命，预言还是狂言？

衰老与自由基

66

如果说人类寿命取决于海弗利克极限，而海弗利克极限取决于细胞分裂，那么能否找到在细胞分裂中起决定性作用的因素呢？找到这个因素也许就意味着找到人类衰老和死亡的秘密了。

下面我们先来看看细胞是怎么分裂的。

99

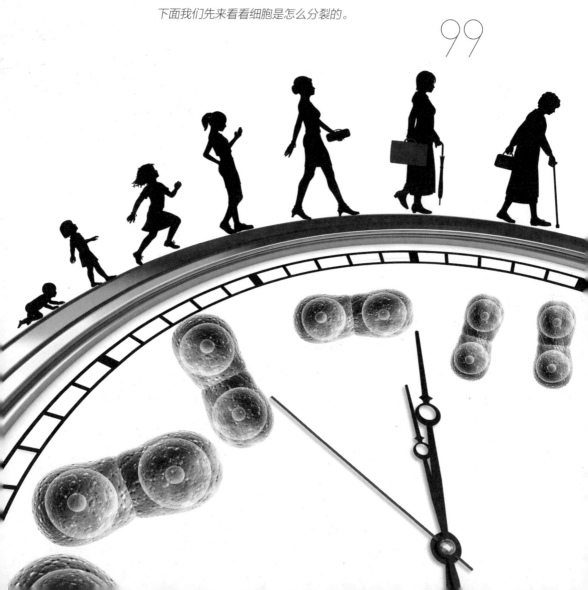

20 世纪 60 年代,美国解剖学家伦纳德·海弗利克(Leonard Hayflick)在研究胎儿细胞时发现了很奇怪的现象。按照当时的学术观点,只要条件适当,培养细胞可以无限增殖。但是他发现,一些老的细胞系分裂逐渐变慢,最后完全停止分裂。

1961 年,海弗利克和他的同事穆尔黑德联合发表了论文《人类二倍体细胞株连续培养》。文章中提出正常胚胎细胞最多增殖 50 次。这篇文章启动了一个新的研究领域:细胞老化。而且后来的研究发现,出生后的人类细胞增殖次数更少,因为在胚胎时期已经经历过数次分裂增殖过程。这种规律即是著名的"海弗利克极限"。正常细胞分裂的周期大约是 2.4 年,照此计算,人的寿命应为 120 岁左右。

有趣的是,古希腊的哲学家早就推测人的极限寿命应当为 100~140 岁。而中国两千多年前的史书《尚书》也提出:一曰寿,百二十岁也。

如果 120 岁是极限寿命的话,那么也就是说,大多数人是不可能活到这个岁数的。对于大多数人来说,我们应该采用另外一个术语:预期寿命(life expectancy),或者叫平均寿命,这是生物群体中衡量单一生命存活平均长度的统计量。

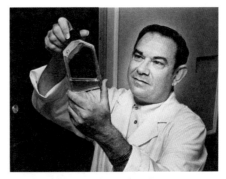

美国解剖学家伦纳德·海弗利克

预期寿命

中国有句老话:人生七十古来稀。在古代中国,人的平均寿命很短,一般只有 30 多岁,70 岁以上的老人特别稀少。一直到 20 世纪上半叶,中国人的平均寿命也仅有 35 岁。但是到 2013 年,中国人的平均寿命是 75 岁,进入发达国家人均寿命 75 岁的行列。不到 100 年,人均寿命就翻了一番,中国正在走入长寿国家的行列。发达国家的历史状况也与此相似。

在 20 世纪末期,世界人口男女平均寿命分别达到 63.3 岁和 67.6

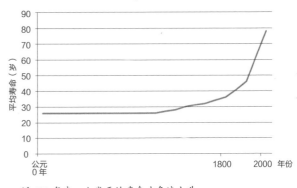

近 100 年来,人类平均寿命才急速上升

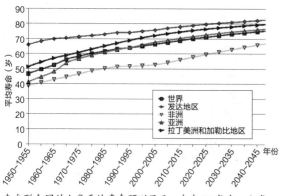

来自联合国的人类平均寿命预测显示，未来30年内，人类平均寿命仍将上升，但是上升速度比较平缓

岁。根据世界卫生组织的统计，2013年，世界上平均寿命最高的国家是日本，有84岁；美国是80岁，排第33位；阿富汗（44岁）、赞比亚（42岁）、莫桑比克（40岁）等国人口的平均寿命只有日本等长寿国家的一半。

随着自然科学、医疗卫生的进步，营养条件的改善，人类平均寿命在近一个世纪内得到大幅度提升。特别是疫苗接种术和抗生素的使用，使得致命的传染病在发达国家得到有效控制，这减少了婴幼儿的夭折率。虽然越来越多的人得以进入老年，人类平均寿命大幅度提高，但是人类的绝对寿命并没有因此延长。

在今天，百岁老人仍然和以前一样稀少，而70岁老人虽然已非"古来稀"，却仍然和从前的70岁老人的健康状况一样，没有太大的区别。目前，发达国家的人均寿命已接近人类的平均自然寿命，很难再有大幅度的增加，除非人们能够找到延缓乃至停止、逆转衰老过程的办法。

要找到延缓衰老的办法，首先需要对人类衰老的机理有充分的了解。从古至今，人们提出的衰老学说多达300余种。其中自由基学说是最热门的学说之一，它反映出衰老的部分机理。

自由基

自由基是指化合物分子中的共价键受到外界条件（如光、热等）的影响后，均等断裂而成的含有不成对价电子的原子或原子团。自由基具有非常大的活性，容易自行结合成稳定的分子或与其他物质起反应而形成新的自由基。在正常的生理代谢过程中，机体内也有自由基产生，因为它是化学反应的中间产物。在生物体内，经常产生自由基的分子是氧分子。在细胞内进行正常氧化过程时也会产生自由基。

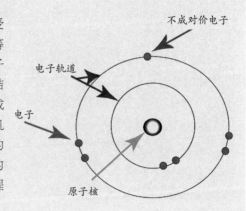

反生命的化学物质

自由基学说是德罕·哈蒙（Denham Harman）在 1956 年提出的，他认为衰老过程中的一系列变化是由细胞正常代谢过程中产生的自由基造成的。

在人的身体中，始终都存在着维持生命的各种化学反应。一方面，人体利用能量来合成细胞中的各个组分，如蛋白质和核酸等；另一方面，人体对大的分子进行分解以获得能量。我们把这些反应叫作"新陈代谢"。新陈代谢是生物体不断进行物质和能量交换的过程，一旦交换停止，生物体的生命就会结束。

新陈代谢使得生物体能够保持它们的结构、生长和繁殖，这是新陈代谢正的一面，而新陈代谢也有负的一面。在新陈代谢过程中，生物体会不断产生一种叫作"自由基"的化学物质。自由基的氧化能力很强，能使细胞中的多种物质发生氧化，不仅会损害生物膜，还能够使蛋白质、核酸等大分子发生交联，影响其正常功能。自由基的寿命很短，但是它们非常容易被 DNA 吸引。自由基一旦与 DNA 发生化学反应，就可能对 DNA 造成损伤，进而导致基因突变。

细胞里有一种叫线粒体的细胞器，是细胞的能源中心。DNA 不仅存在于细胞核里，也存在于线粒体中。食物分子经过一系列的新陈代谢后，

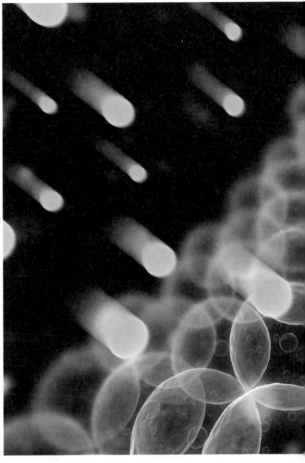

人体细胞时时刻刻遭受着自由基的攻击，自由基造成的基因损伤的不断累积，使人体细胞、组织、器官和系统随着时间推移出现磨损、失常，最终导致衰老和死亡

在线粒体里被转化成了能量，但是同时也产生了自由基。线粒体生成的活性氧是最主要的细胞氧自由基。自由基的氧化作用对线粒体 DNA 造成的损害最大。细胞能修复自由基对细胞核 DNA 的损伤，但是线粒体 DNA 遭到的损伤并不容易修复。大量的线粒体 DNA 损伤会随着时间的推移不断累积，导致线粒体衰退，从而导致细胞死亡和机体老化。

根据自由基学说的衰老理论，正是自由基造成的基因损伤的不断累积，使人体细胞、组织、器官和系统随着时间的推移出现磨损、失常，最终衰老和死亡。

据估计，人体每一个细胞中的DNA每天都要遭受大约1万次自由基的攻击。人类在如此高密度的攻击下仍然能够生存，是因为细胞有两套抵御自由基攻击的系统。一方面，某些基因能够生产一类被称为"自由基清除剂"的分子，在自由基形成危害之前将其捕捉、中和；另一方面，细胞中有一套修复机制，能够修复自由基所造成的基因损伤，其效率近乎完美，有99%以上的基因突变会被修复。

人类害怕突变，又期望突变

基因突变的修复近乎完美，然而又不完善：由于它已近乎完美，就极难再加以改进；由于它不完善，衰老无法避免。

那么，为什么不能进化出一种彻底消灭基因突变的机制呢？因为基因突变是生物进化的源泉。在一个不断变化的环境中，生物的生存和繁衍离不开突变。虽然绝大多数突变都是有害的，但是在特定的环境变化下，某种突变可能导致生物具有生存优势，因而使物种进化。如果突变被彻底修复，生物进化将会终止。生物个体为此必须付出代价，衰老与死亡无法避免。

人类是在无数次的基因突变中成长起来的

自由基在人类机体老化中扮演的角色，在科学界已经得到了充分的认识。现代科学也利用自由基理论来解释疾病，并出现了不少防止自由基产生的方法。因为自由基是由氧化产生的且具有强氧化性，所以最常见的避免自由基产生或对抗自由基的方法是抗氧化。抗氧化的物质有维生素 A、维生素 C、维生素 E、β-胡萝卜素、超氧化物歧化酶（SOD）等，它们能通过阻止自由基氧化敏感的生物分子，或者减少自由基的形成来延缓衰老过程。因为蔬菜和水果中有大量的抗氧化物，所以蔬菜和水果常被当作健康食品。

但是，近期一些研究认为，抗氧化剂疗法其实并没有什么作用，甚至会加速衰老。其中有一个叫作"代谢稳定性"的学说认为，细胞维持活性氧的稳态浓度的能力，是人类自然寿命的主要决定因素。这个学说认为，

自由基学说忽略了一点：活性氧是特殊的信号传递分子，它们对维持正常的细胞功能非常必要。

其实，自由基也并非一无是处，恰恰相反，它们参与了许多重要的生命活动，包括细胞增殖、细胞间通信、细胞凋亡（细胞如果不能正常凋亡，会发生癌变）、免疫反应等。没有自由基或自由基过少，生命活动都将会停止。

自由基导致衰老的理论是人类研究衰老机制、延缓衰老进程中的一个重要理论。事实上，导致衰老的原因还有很多很多……

慢慢变短的端粒

细胞的解构与再生

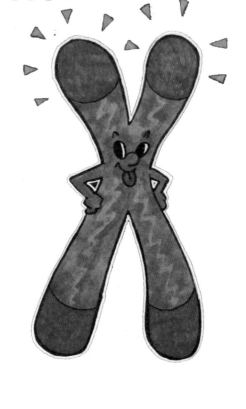

1852 年，德国的胚胎学家罗伯特·雷马克（Robert Remak）在显微镜下观察鸡的胚胎时，发现了细胞通过分裂产生新的细胞。实际上，所有的细胞都来源于先前存在的细胞，细胞主要通过分裂的方式复制。

细胞分裂前，母细胞细胞核内的染色体先完成复制，并伴随着细胞核核膜的解体。染色体复制过程主要就是 DNA 链的复制。DNA 复制时，原本呈双螺旋结构的两条链打开，打开后的每一条单链各自配对出另一条新链，并与之形成新的双链螺旋结构。复制的结果是一条双链变成两条一样的双链，每条双链都与原来的双链一样（如果不发生突变的话）。

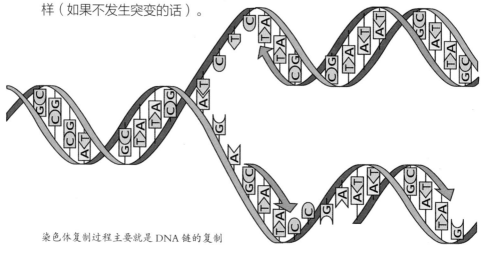

染色体复制过程主要就是 DNA 链的复制

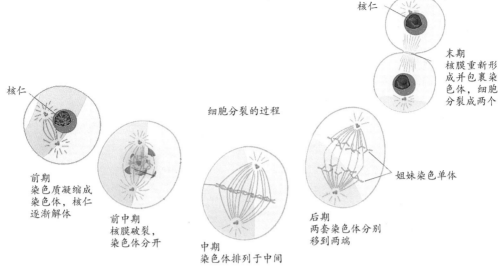

核仁

末期
核膜重新形
成并包裹染
色体,细胞
分裂成两个

细胞分裂的过程

核仁

前期
染色质凝缩成
染色体,核仁
逐渐解体

前中期
核膜破裂,
染色体分开

中期
染色体排列于中间

后期
两套染色体分别
移到两端

姐妹染色单体

接着,细胞内与分裂相关的物质(如蛋白质)开始复制;复制后两套一模一样的染色体移动至细胞的两极;随后核膜重新形成,将染色体包裹在里面,各自形成细胞核;然后细胞从中央断裂形成两个新的细胞。

到此,新的细胞便诞生了,生命又向前迈进了一步。而从遗传的角度看,这个过程的关键点就是看复制后的染色体是不是跟原来的一样。

DNA 末端的结

2009 年,诺贝尔生理学或医学奖授予美国加利福尼亚大学旧金山分校的伊丽莎白·布莱克本(Elizabeth Blackburn)、美国约翰·霍普金斯医学院的卡罗尔·格雷德(Carol Greider)和美国哈佛医学院的杰克·绍斯塔克(Jack Szostak)。诺贝尔生理学或医学奖评审机构瑞典卡罗林斯卡医学院称,这三人"解决了生物学上的一个重大问题",即在细胞分裂时染色体如何进行完整复制,如何免于退化,而这其中的奥秘之一就蕴藏在端粒上。

端粒,就是染色体的末端,也就是整条 DNA 链最头上的那个小点,它看起来就像一个为了不让 DNA 链散开,在链的末端打上的一个结。事实上它也包含一段 DNA 序列,还包含一些结合蛋白,因为它在染色体末端,所以被命名为"端粒"。

其实,端粒早在 20 世纪 30 年代就被发现了。当时,生物学家观察到,如果染色体失去了末端的这一点,它就好像是没有小塑料头儿的鞋带,染色体结构就不稳定,从而威胁到 DNA 的正确复制和细胞生存。至于为什么端粒会有这种效果,却不得而知。

1978 年前后,伊丽莎白·布莱

克本博士把一种单细胞动物四膜虫的端粒上的 DNA 序列全部破译了出来，但她发现这里并不记录任何遗传信息。

当她一筹莫展时，杰克·绍斯塔克博士的一个实验带来了启发。当时，绍斯塔克正在构建酿酒酵母人工染色体，但总是不能取得成功，他所构建的 DNA 在转入酵母细胞后即刻被降解掉。当绍斯塔克向布莱克本博士抱怨时，布莱克本博士不经意地说："如果把我新发现的端粒序列放到你实验的 DNA 两端呢？"结果 DNA 真的保住了。可见，端粒的序列可以保护整条 DNA 链。

捍卫端粒！

端粒有一个"致命"的特性。科学家阿历克谢·奥洛夫尼可夫（Alexei Olovnikov）发现，当细胞分裂也即 DNA 复制时，端粒并没有完全被复制。每次分裂都会让这个不带遗传基因的端粒掉一截。这样每分裂一次，端粒就短一点。最后他得出一个大胆的猜想：人的年龄越大，端粒就越短，直到端粒完全脱落，人也就死亡了。奥洛夫尼可夫教授的猜想最后得到证实。目前，科学家已

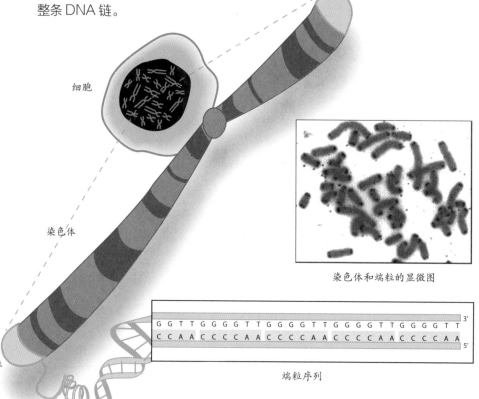

端粒

细胞

染色体

端粒

染色体和端粒的显微图

| G | G | T | T | G | G | G | G | T | T | G | G | G | G | T | T | G | G | G | G | T | T | G | G | G | G | T | T | 3' |
| C | C | A | A | C | C | C | C | A | A | C | C | C | C | A | A | C | C | C | C | A | A | C | C | C | C | A | A | 5' |

端粒序列

经可以通过端粒的长短来推断人的年龄。

那么，如果找到让端粒不变短的物质，人类不就可以长生不老了吗？卡罗尔·格雷德博士发现了能够修复端粒的蛋白——端粒酶。端粒酶像一个 DNA 末端的小作坊，按照自带的模板不断复制和延长端粒，就像灵丹妙药一样。但是，在一般的细胞中几乎检测不到有活性的端粒酶，只有在干细胞和生殖细胞等必须不断分裂的细胞中，才可以检测到有活性的端粒酶。

到这里，好像返老还童和长生不老已经离我们很近了。现在我们回到波士顿的实验室，来看一场返老还童的大戏吧!

这场返老还童大戏的"导演"是哈佛医学院癌症遗传学家罗纳德·德皮尼奥（Ronald DePinho），而"主角"就是动物界知名的实验明星——老鼠。

端粒酶是双刃剑

德皮尼奥博士利用转基因老鼠，人为地让其缺乏端粒酶。经观察发现，用来实验的老鼠约 6 个月大时就死亡了，这个岁数对于平均寿命 3 年的老鼠来说还非常年轻。这些实验的老鼠在生前出现了早衰现象，脾脏、肝脏和大脑很早便萎缩了，后期还患有老年病。

随后，他们给早衰的老鼠注射药物，通过药物刺激让其体内的端粒酶恢复。注射药物几个月后，德皮尼奥博士再次观察实验鼠，发现其体内的端粒酶几乎完全恢复，老鼠就像重生一样，肝脏和脾脏的大小增加，大脑也长出新的神经元，差不多完全"返老还童"了。这些实验鼠最终活到了普通鼠的寿命，但并不长寿。

"实验鼠对于人类而言，就像一个 40 岁的人未老先衰，而这项实

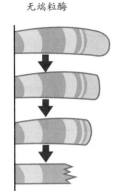

无端粒酶

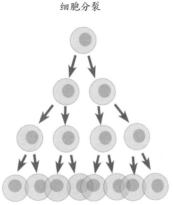

细胞分裂

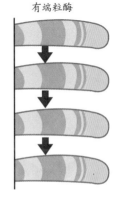

有端粒酶

没有端粒酶参与时，每一次细胞分裂，染色体都要缩短；有端粒酶介入时，染色体不会随着细胞分裂而缩短

验逆转了衰老过程，将其变回了30岁。"德皮尼奥博士说，"成功逆转老鼠年龄的过程意味着一些老化的器官有可能重生。也许在不久的将来能够用在人类身上。"

德国乌尔姆大学研究细胞衰老的K. 雷哈德·鲁道夫（K. Lenhard Rudolph）表示，这个实验结果对患有早衰症的人有很大帮助，因为患有慢性疾病的老鼠已经被成功救治了。并且这项实验更加证明了端粒的作用。随后，这一实验被发表在《自然》杂志上。

当人们为长生不老欢呼时，西班牙国家癌症研究中心的研究员玛丽亚·布拉斯科（Maria Blasco）指出，不能将抗衰老的希望寄托在德皮尼奥博士的实验上。"德皮尼奥博士的研究利用的是转基因老鼠，"她说，"现在的关键问题是，他能够延缓一只普通老鼠的衰老吗？"

德皮尼奥博士对此表示赞同。他还警告说，他的方法存在潜在的缺点：如果恢复的端粒酶活性超出了自然水平，可能会导致癌症。而且，我们还不能控制释放出的端粒酶的数量。

另外一些科学家认为，单纯的端粒长度并不是影响寿命的决定性因素。

当人超过60岁，端粒长度、性别（女人比男人长寿）和年龄结合起来只影响剩余寿命的37%。那么另外的63%是由什么决定的呢？

有专家认为，其中一种是氧化造成的。损坏的DNA、蛋白质和脂肪都会产生氧化剂。这是含有高活性物质的氧化剂，当我们呼吸、吸烟、饮酒或是有炎症时，它都可以产生。

另一种是糖化。我们知道，葡萄糖可以为人体补充能量，是人体的必需品，但摄取过量会导致人体组织故障，导致疾病或死亡。糖化或许能解释为什么控制摄取糖分能够延长寿命。

所以，我们还是在保持心情愉悦的同时，注意饮食健康，加强锻炼，一起和端粒慢慢变短吧。

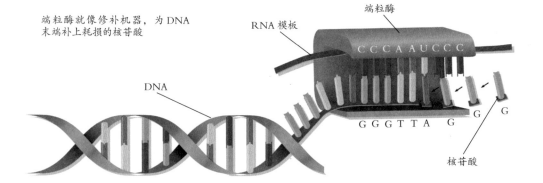

端粒酶就像修补机器，为DNA末端补上耗损的核苷酸

端粒酶

RNA 模板

CCCAAUCCC

DNA

GGGTTA G G G

核苷酸

千年寿命，
预言还是狂言?

在以传播新锐思想而闻名于世的 TED 演讲上，有很多异想天开的关于未来的预言，奥布里·德·格雷（Aubrey de Grey）的"人类寿命可以长达 1000 岁"就是其中之一。

格雷大胆地提出："人的寿命最终会延长到 1000 岁，并且，第一个千岁人已经出生的可能性恐怕高达 30%~40%。"

有记者采访格雷，他说："实际上，我说过比这更激进的预言，所以这句话我就认了。这个观点的科学逻辑基于以下两个方面：第一，SENS 研究项目的七大主题在以后的几十年内有望实现，总共可以给六七十岁的人增寿 30 年。第二，有科学证据显示 SENS 存在缺漏，但那些即便是使用了所有 SENS 疗法之后身体仍然存在的损害，大部分在本质上和能被 SENS 治好的损害是相似的。这意味着修补这些缺漏可能用不了 30 年的时间。以此循环，虽不能 100% 地修补所有的损害，但是通过研究的不断进步，我们在人类健康上的收益可以等同于 100% 地修补损害。"

奥布里·德·格雷是一个什么样的人？SENS 又是什么样的"宝典"呢？

不是痴人说梦

奥布里·德·格雷是国际抗衰老领域的一位奇人，他预言人的寿命可以延长到 1000 岁。他有一个叫作 SENS（Strategies for Engineered Negligible Senescence）的理论，我们把它译为"人工零衰老策略"，其核心思想是：衰老在本质上是疾病，如果用科技手段对人体进行改造和治疗，那么人人都可以停止衰老。

格雷的理论在科学界引起了颇多争议，以至于在 2005 年，《麻省理工科技评论》（MIT Technology Review）杂志社出了一个 2 万美金的悬赏，在科学界展开一场辩论。任何人只要是能够证明格雷的理论根本行不通，不值得科学界严肃对待，就可以得到奖金。

当然，辩论的对手是格雷本人，他会针对挑战者的批驳进行自我辩护，最后由评委团决定哪边胜出。评委团由 5 人组成，包括机器人专家、生物技术和医学专家、纳米生物物理学家、微软前首席技术官，以及人类基因组测序的领军人物之一克雷格·文特尔。

共有 5 个人提交挑战文章，其中有 3 份合乎要求。在这 3 位挑战者逐一与格雷辩论后，评委们认为没有人能证明格雷的理论是痴人说梦。同时，格雷也未能说服评委认可他的理论的可行性。结果是双输（或双赢）。

格雷的理论将衰老看成一种病，抗衰老就等于治病。如果真是这样，那么就要找出致病的原因以及治疗的策略。格雷提出了 7 个"病因"和相应的治疗策略。他把这称为"将再生医学扩大到衰老领域所做的努力"。

单枪匹马面对主流

尽管格雷博士提出的有关细胞生物学的观点都已被证明是正确的，但是这个领域的其他专家多数不同意格雷博士长生不老的预测。这些科学家认为，仅仅将寿命延长几年就需要很多年的努力，长命百岁甚至千岁所要耗费的心血可想而知。人不同于计算机，人的身体可要复杂得多，而且，每修理一次可能又会产生更多的问题。

由抗衰老领域的 18 位科学家联合撰写的一篇论文，发表在 2005 年 11 月《自然》杂志旗下子刊《欧洲分子生物学组织报告》（EMBO Reports）上。论文开头引述了美国记者孟肯的话："对于复杂的问题，如果只有一个简单的解决方案，那往往是错误的方案。"

论文的作者们列举了多个他们正在进行的研究项目,并指出:格雷的这些方法并没有被证明能够延长任何生物体的寿命,何况是人。

报告称:科学家都深知,要在无数诱人的想法里找出几个具有可行性的有多么困难;同样困难的是此后煞费苦心的实施,包括理论的成熟和技术手段的完备。

更具戏剧性的是,格雷所在的 SENS 基金会也同意 EMBO 的论点,并明确表示:如果你现在就想逆转衰老带来的损伤,恐怕最简单的答案就是——你不能。

不过格雷认为,这些质疑的声音都站不住脚。他回击说,出现这种情况主要是因为从事基础研究与应用性研究的科学家之间分歧严重。他还表示:我们有详细的科学证据证明 SENS 研究项目的 7 个治疗策略在以后的几十年内有望实现,要是反驳,就需要对这些科学证据或是逻辑推断提出挑战,但是迄今为止,我们遇到的所有挑战都是基于对证据和逻辑的误解和无知。

不过,在接受记者采访的最后,这位科学狂人讲了一句很不狂的话:"抗衰老的生活方式和健康的生活方式没有什么本质区别。实际上长寿并不是我们的主攻方向,我们的使命是人体健康,而长寿不过是保持非常健康的副产品而已。"

20 世纪人类平均寿命飞跃的原因

20 世纪,人类平均寿命出现了 57% 的大幅增长,从 1901 年的 49 岁一跃增长到世纪末的 77 岁。乍一看这些数字,就好像 20 世纪初期社会缺少祖父母这一辈,然而,事实并非如此。

1999 年,美国疾病控制和预防中心列出了 20 世纪公共健康领域的 10 项重大成就,包括:疫苗,交通安全,工作环境安全,感染性疾病的控制,冠心病和中风致死率下降,食物安全和健康,母婴健康,计划生育,饮用水加氟,对烟草危害的认识。

这些成就能在一定程度上增加人类寿命,然而另外一个经常被忽略的因素却超过了它们的综合效应,那就是婴儿死亡率的下降。只有婴儿顺利活下来,以上这些成就才有发挥作用的空间。

1950—2001 年间,美国的婴儿死亡率从 3% 降低至 0.7%。婴儿死亡率的降低,很大程度上是得益于医疗保健覆盖面的增大、新生儿医学的进步和公共健康计划,比如仰睡计划减少了由婴儿猝死综合征(SIDS)引起的死亡。

第 III 章

[人工智能带来
人类永生世界?]

- 人类进入"赛博格时代"
- 大脑控制下的义肢
- 扫描破解大脑
- 人机融合之"脑机接口"
- 弱人工智能时代
- 强人工智能时代
- 超人工智能时代

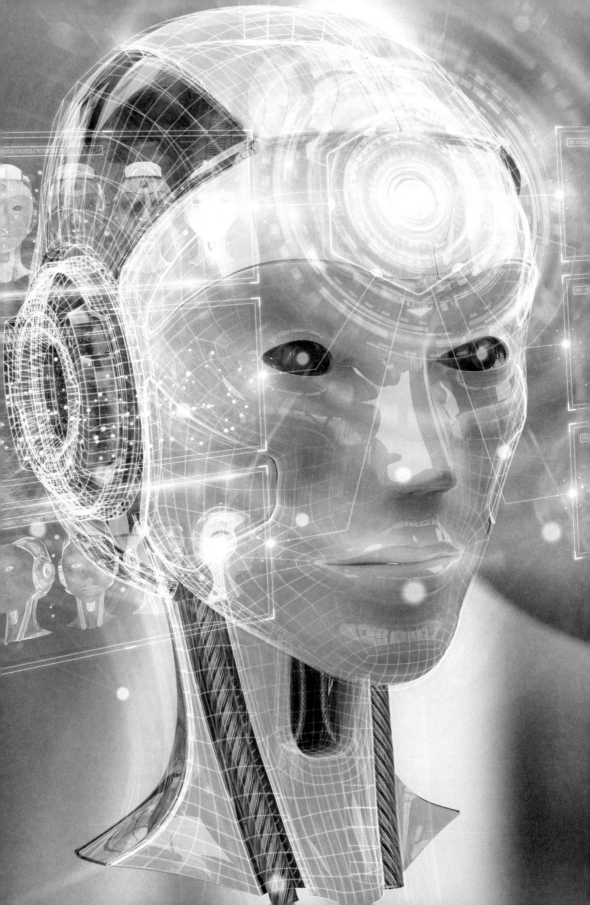

人类进入"赛博格时代"

植入式大脑监控

植入大脑的设备能感应到癫痫发作征兆，并提供刺激以避免病发。来自美敦力公司 (Medtronic) 的 Activa PC+S 系统，嵌入了一种专门为聆听脑波设计、像示波器的芯片，它能够通过脑手术植入，监听脑部神经信号，进行相关的记录，用于辅助医生分析相关疾病的致病机理。

人造记忆组织

海马回（又名海马体）是人体大脑中专司记忆的两块脑组织，因为其弯曲形状酷似海马而得到这个有趣的名字。美国洛杉矶南加利福尼亚大学教授、生物医学工程师特德·伯杰（Ted Berger）正在研究一种芯片来代替海马回。如果一切进展顺利，将通过某种方式给因患中风、癫痫和阿尔茨海默病而大脑受损者进行试用。

有触觉的义肢

义肢不但可以通过大脑意识控制动作，还可以有冷、热、粗糙、柔软等触觉。通过袖子中覆盖在手臂神经束旁边的电极，被截肢的患者能够重新获得来自义肢的触觉信号。来自美国凯斯西储大学和路易洛克斯克利夫兰退伍军人医疗中心的研究者联合开发了一套系统，能够将传感器信号转换成人体可识别的神经信号，然后通过截肢部位末端传递到大脑。

植入式人造心脏

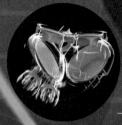

法国巴黎蓬皮杜医院的医生成功地为病人体内植入一颗能为他延长 5 年寿命的 Carmat 人工心脏。这颗人工心脏采用手表式电池，重 0.9 千克，与人血接触的部分表面由牛的组织制造而成，而非会形成血栓的塑胶等合成材料。心脏内安有电子传感器，能够根据患者的活动情况对血压及心率等进行调节。

穿戴式胰腺

美敦力公司开发的人工胰腺，外形类似 iPod 播放器，是一个将血糖探测器、胰岛素泵、电脑控制合为一体的小装置。能够监测人体血糖含量并调整胰岛素水平以满足身体需要。

智能眼

让失明患者重见光明，来自 Second Sight 公司的 Argus II 通过一个摄像装置和安装在视网膜表面的 60 个微电极装置，能够让失明的人识别出基本的形状和一些物体的运动。该设备能够帮助因疾病引起视网膜感光细胞退化的患者。

传递神经信号的脊椎

圣犹达（St. Jude）医学的最新神经刺激装置 Protégé 能够帮助断裂的脊髓传递电脉冲信号，这种信号能够中断一些会导致慢性疼痛的信号传递。

植入式人造耳蜗

来自麻省理工学院微系统技术实验室的人造耳蜗应该就是下一代可植入式人造耳蜗的雏形了，它利用压电传感器直接检测中耳道中的自然振动，然后将信号进行编码传递给听觉神经。使用手机加上一个适配器就可以对人造耳蜗无线充电。

受大脑控制的腿

美国芝加哥康复研究所（RIC）的首席研究员莱维·哈格罗夫博士（Levi Hargrove）表示，扎克·沃特（Zac Vawter）受思想控制的仿生腿允许"被截肢者进行前所未有的活动"。该仿生腿由美国范德堡大学设计，结合 RIC 的突破性技术开发而成。

穿戴式肾脏

美国加利福尼亚大学洛杉矶分校的研究人员开发出一种可穿戴式人工肾，让肾病患者告别透析。

纳米皮肤

东京大学教授染矢高雄研制的人造皮肤，厚度仅为厨用薄膜的十分之一，可以适应身体的每一个部位，是世界上最轻、最薄的无压力医疗传感器系统。

大脑控制下的义肢

几百万年的进化，成就了人类发达的四肢。一双手、一双脚，这是人类的典型特征，灵巧的四肢帮助人类完成每天的活动。但是有一部分人，因为先天性疾病而瘫痪，或因为受重伤后截肢而失去肢体，这些人需要义肢。

让义肢做精确的动作并不困难，困难的是谁来指挥义肢，靠什么指挥。

如果靠一个念头就能让义肢移动，想一想就能精确地做出动作，那就太好了。这样的肢体会自动地按人的想法做出各种动作，就跟原生的肢体一样。

让胸肌成为手掌

美国芝加哥康复研究所下属的仿生医学中心负责人托德·奎肯（Todd Kuiken）博士结合他在医学和工程学方面的知识找到了一种方法，来帮助人们用意念启动机械手臂。

人的肌肉和皮肤之所以能够收缩、运动和产生触觉，是因为神经的作用。神经连接着大脑和肌肉，它从大脑伸向脊髓，然后从主干伸向更加细小的末梢，从而到达人的肌肉和皮肤。在这个过程中，神经利用电脉冲来传递大脑和肌肉之间的信号，电脉冲能够使肌肉收缩，并且活动起来。

幸运的是，即使在截肢手术后，这些神经的根部依然在患者体内存在，而且神经发出的电脉冲在皮肤表面就能被探测到。没错，奎肯博士就是想利用患者肢体上剩下的神经来做义肢。

奎肯博士找来一名叫杰西·沙利文的失去双臂的患者进行合作。

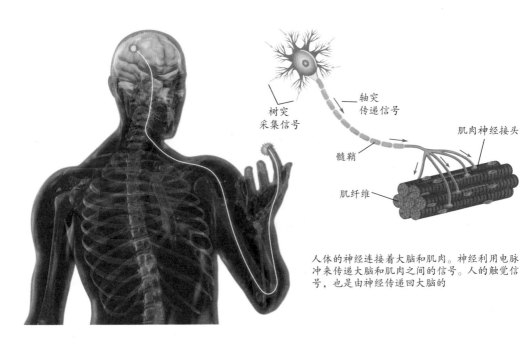

树突
采集信号

轴突
传递信号

肌肉神经接头

髓鞘

肌纤维

人体的神经连接着大脑和肌肉。神经利用电脉冲来传递大脑和肌肉之间的信号。人的触觉信号，也是由神经传递回大脑的

他用手术将沙利文的主要手臂神经从肩膀（正是他进行手臂截肢的地方）移到了他的胸部肌肉里。那些手臂神经能帮助大脑向胸部传达对整只手的移动命令。也就是说，沙利文的大脑会自然而然地把他的胸部当成手臂和手掌。

大约 3 个月后，奇迹发生了。当沙利文脑中想着张开手时，他的胸部有一块肌肉抖动了。大约 5 个月后，当他心里想着各种手部和肘部的动作时，不同位置的胸部肌肉就对应活动起来了。

假手掌指挥义肢

奎肯博士将现有的各种零件组合起来，为沙利文量身打造了一只新的义肢。奎肯博士将义肢绑在沙利文身上，通过导线将粘贴在沙利文胸口的电极和义肢连接起来。当沙利文想要展开那只他失去的手臂时，他的义肢就展开了。这是怎么回事呢？原来，那些被移到胸部肌肉里的手臂神经发出的电脉冲，被沙利文胸部肌肉的收

芝加哥康复研究所下属的仿生医学中心负责人托德·奎肯博士和他设计的仿生义肢（图片来源：芝加哥康复研究所）

杰西·沙利文展示他的机械手臂，他可以控制手捏东西的力度（图片来源：芝加哥康复研究所）

缩给放大了，粘在胸口的电极发现了这些信号，然后电极通过导线将信号传给了机械义肢。在一定程序的帮助下，义肢就能对信号做出各种反应。

如果奎肯博士和他的团队能够破解更多的神经信号，他们就能利用破解出来的数据，来增加机械手臂做出的动作数量。

"我们在沙利文的胸部放置了100个电极，并让他做大约26件不同的事情。"奎肯博士说。一些工程师和电脑专家根据沙利文想做各种不同手部动作时所发出的神经信号，制作了相应的彩色标记图表，来表示这些神经信号。对于沙利文脑中所想的

杰西·沙利文（左）和克劳迪娅·米切尔（右）在用他们的义肢击掌（图片来源：芝加哥康复研究所）

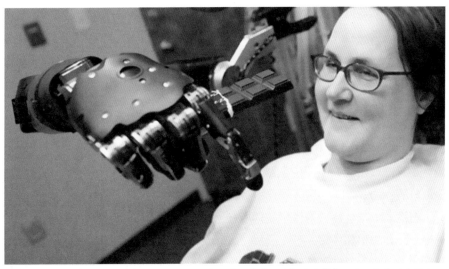

四肢瘫痪的志愿者简·休门（Jan Scheuermann）正在用意念驱使机械手臂拿一块巧克力到她嘴边

内容，比如他想要做出什么动作，专家通过检查收集的信号的组成模式，就能做出相应的判断，精确度高达95%~98%。然后他们又编写了各种动作的执行程序，装进机械手臂里。现在，当沙利文想用食指摁住大拇指时，他的机械手臂认出这个动作的信号模式后，就能做出相应的动作。这在外人看来一定感到不可思议，因为机械手臂的动作是如此迅速和自然。

此外，奎肯博士和他的研究小组还有意外收获。他们发现，那些受手臂神经控制的胸部皮肤竟然有了触觉。起初，奎肯博士团队的想法只是用运动指令来指挥机械手臂，但几个月后，触碰沙利文的胸部时，他能感觉到失去的手的触觉渐渐在胸部恢复。奎肯博士认为，也许是因为医生取下了不少脂肪，皮肤直接接触到肌肉，所以神经生长起来了。现在，沙

利文可以感受从轻轻触碰到大概 1 克重量的触碰，也能感受到热、冷、尖锐、钝，就如同他失去的手臂，有时手和胸能同时感受到。所以，当你触摸沙利文的胸部皮肤时，他会感觉你在触摸他失去的手臂。这真是一件神奇的事情!

脑—肢通道

既然想让义肢代替缺少的肢体，就应该让它像真正长在身上一样，并且更加灵活、听话。我们知道，手和腿都是由大脑和神经控制的，能否将义肢的控制中心直接连接到大脑和神经呢?

美国匹兹堡大学的珍妮弗·克林格（Jennifer Collinger）博士和她的同事成功地让一名 53 岁的高位瘫痪患者简·休门利用大脑信号来操控

机械手臂。志愿者简·休门因患脊髓小脑变性的遗传性疾病，自 1996 年以来遭受进行性瘫痪，以至四肢瘫痪，无法自行控制脖子下的任何肌肉。克林格博士先将两个 4 毫米 ×4 毫米大小的网络状微电极植入休门的大脑皮层中，每块电极拥有 96 个微型触点，用来获取她大脑中操控手臂和手掌部分的信号。然后研究人员通过计算机将这些信号翻译成可供机械读取的指令，再由机械手臂完成。最后，休门用"意念"完成了叠放塑料杯和吃巧克力的复杂动作。

2014 年 5 月，美国食品药品监督管理局（FDA）正式批准了一种名为 DEKA 的手臂系统。这也是利用"意念"控制的，不过不是从大脑获得信号，而是利用肌电图电极传输信号来控制动作。肌电图记录肌肉静止或收缩时的电活动，以及电刺激

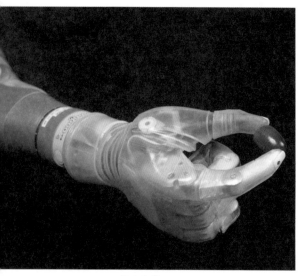

DEKA 仿生手臂

下神经、肌肉兴奋和传导的功能。DEKA 中的肌电图电极接收患者残肢处的肌肉收缩的电活动信号，之后这些信号传输到义肢的计算机中，并被转化为多达 10 种的肢体活动，这种义肢还带有运动传感器和压力传感器等设备。可以说，这种义肢的功能逐渐与人手相仿。

终于有了触觉

上面所述的义肢的神经通信都是单向的，也就是说，义肢佩戴者只能控制义肢动作，而不能像真正的肢体那样感受到所接触物体的冷热、粗糙、柔软等。2015 年，美国国防部高级研究计划局（DARPA）与迈阿密大学的科学家研发出既可以帮助患者恢复行动能力又能产生触觉的义肢。贾斯汀·桑切斯（Justin Sanchez）博士是该项目的领导者。

一位 28 岁的瘫痪男士纳森（Nathan）接受了治疗。纳森在脊髓受伤后瘫痪，他是应用此项科技的第一人。科学家向纳森大脑皮层植入了微小的电极阵列，并将传感器连接到他的大脑的感觉皮层（大脑负责识别触觉的部分），同时将大脑运动皮层（大脑指示身体运动的部分）的电极连接到义肢的控制中心。

在触碰到物体时，义肢的力敏感器会反馈给大脑，这种反馈会被转换为电子信号并被传送至纳森的大脑感

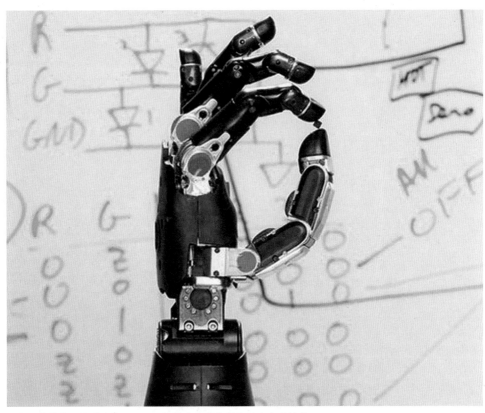

约翰·霍普金斯大学使用 DARPA 的技术让患者感受到身体的触觉

觉皮层。电极还可以感知大脑运动皮层发出的信号，因此纳森不仅可以控制义肢的活动，还可以感觉到手臂触碰的物体。义肢帮助纳森在十年中第一次感受到别人触摸他的手。

纳森的实验表明，即使蒙住眼睛，他也可以感受到研究者触碰的是哪一根手指。在一次实验中，研究团队决定一次按住纳森的两根手指。纳森开玩笑地问道："是不是有人在恶作剧？"桑切斯博士表示："直到那时，我们才意识到，这种义肢近乎人类真实的肢体。"

桑切斯博士表示，如果没有返回大脑的信号反馈，患者也很难控制义肢进行精确的行动。这项科技将义肢与大脑连为一体，展示出生物科技帮助患者恢复到近乎自然状态的巨大潜力。

虽然双向通信的义肢已经很接近人的肢体，但在不久的将来，这种义肢也许会过时，因为科学家可能会让人们缺失的四肢重新长出来！科学家认为，人体内潜藏着再生基因，但不发挥作用。只要找到这些再生基因，让它们发挥作用，那么人也许能像蝾螈一样，在断肢后长出新的肢体。

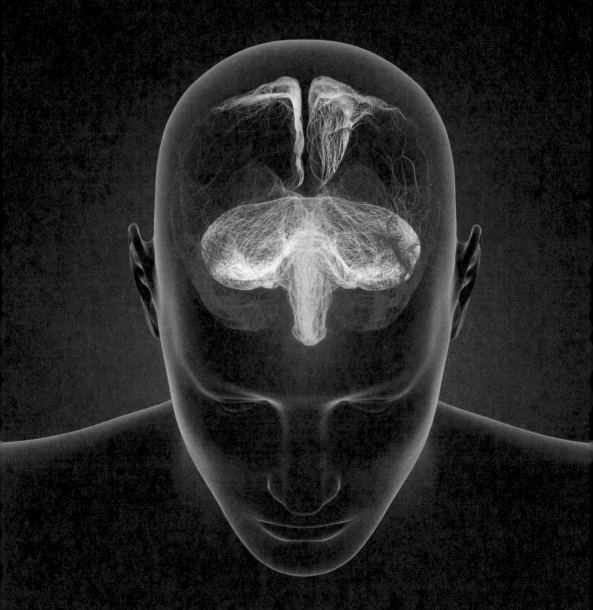

扫描破解大脑

"我们现在能够在大脑中进行窃听。"美国斯坦福大学人类颅内认知电生理项目主管约瑟夫·帕尔维兹 (Josef Parvizi) 副教授说。这项研究发表在 2013 年 10 月 15 日出版的《自然通讯》杂志上。

从哈利·波特的魔法，到科幻电影里的外星人，我们对这种"读心"的能力并不陌生，但要是当今人类具有这种能力，那可是件大事情。首先，这是令人兴奋的，人类终于能够通过科学手段直接接触到思维；然而这也是令人畏惧的，在未来世界里，隐私这个人类的属性还能存在吗？

不过，能否透彻地读心，是未来的事情。我们现在关心的是，科学家已经走到了哪一步，看到了大脑里的什么？

思维和大脑里的物质有关联吗？

"想象一下，如果一个电影导演仅靠他的想象力就可以放映他脑中的世界，或者一个音乐家就能把他脑子里的音乐传出来，这件事有不可思议的可能性，它可以让有创造力的人以闪电般的速度分享他们的想法。"玛丽·娄·吉普森（Mary Lou Jepsen）说。

玛丽·娄·吉普森是位工程师，热衷于脑科学研究。她的这个想法是在 18 年前产生的。当时玛丽做了脑部神经手术，大脑被切除了一部分，这部分是产生关键激素和神经递质的地方。手术之后，她想的第一个问题就是："我还和以前一样聪明吗？如果不是，我还能重新变聪明吗？"

手术后的每一天，她都要吃十几种药来调节激素和神经递质。玛丽打心底里是个实验科学家，因此她尝试了不同的药物搭配和剂量。令人惊讶的是，剂量微小的变化就能改变她的感觉、思想和行为。不过，对她来说，这些行为主要是为了重新找到自己的智慧、创造性思维和思考的能力。

对于用图像思考的她来说，最关键的是如何找回大脑中的图像。"这种方式并不罕见。许多哲学家，像休谟、笛卡儿、霍布斯也是这样看事情的。脑中的图像和思想是一回事。"

图像思维是有别于语言思维的一种思维方式。婴儿和动物不懂语言文字，自然是用图像思维。当婴儿长大学习语言文字后，学会了按部就班的逻辑思维，其图像思维能力就被抑制了。爱因斯坦说过，"我的思维与图和直觉相通"。看来爱因斯坦有着自己独特的思维方式，他更接近于图像思维。弗洛伊德写道："图像思维比文字思维更接近潜意识的过程；无疑，不论在个体还是种系的层面，前者比后者的历史都要悠久。"很多艺术家的创作思维里，都存在图像思维的成分。

玛丽说："对于大多数人来说，

大脑中的图像在创造性思考中处于核心地位。而我现在做的，就是把我大脑中的图像更快地传到我的电脑屏幕上。"

重现大脑里的画面

"我们真的可以做到吗？""不可能吧！""这只会出现在科幻小说里！"也许你现在的想法和我一样，不过现在科学家做到了。玛丽给我们展示了两个脑科学研究。

第一个研究是哈佛大学的吉奥吉欧·加尼斯（Giorgio Ganis）和他的同事用功能性磁共振成像技术对大脑进行造影。他们扫描一个人看图时的大脑活动画面和想象刚才那幅图时的大脑活动画面，两次活动几乎完全一样，这意味着真正看一幅图片和想象同一幅图片的大脑活动几乎没什么差别。

第二个是美国加利福尼亚大学伯克利分校杰克·加蓝特（Jack Gallant）实验室的研究实验，他们的电脑已经能够将脑电波解码成可识别的图案。"他们找到一些实验者，让实验者看几百小时的视频，观看时的大脑活动会被扫描并记录下来。而后电脑将扫描的大脑数据解析成新的扫描图，推测受试者看到的是什么图像。"玛丽说，"我们离真正实现这一点已经不远了。"从图中可以看出，尽管电脑可以扫出脑中的图像，但只

是几个简单色块和轮廓，像油画一样，可是它显示的和看到的基本一致，这非常惊人！

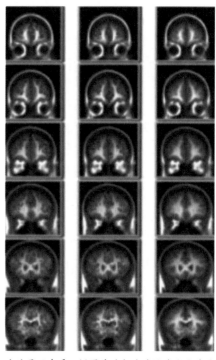

左边是正在看一幅图片时大脑的活动画面（图中彩色部分），中间是想象刚才那幅图片时大脑的活动画面，右边是从左边的图去掉中间图的彩色区域后得到的。可见，看到一幅图片与想象一幅图片的大脑活动几乎没有差别

左边是测试者实际看到的画面，右边是电脑扫描大脑后解析出的图像

从测谎仪到功能性磁共振

早在 1921 年，科学家便发明了测谎仪。测谎仪能够通过监测人的心率和皮肤中发出的电信号告诉科学家受测者正在经历哪些情感变化。

比较受测者回答有关的问题和无关的问题时的生理反应，借助测量和记录血压、脉搏、呼吸、皮肤导电反应、身体晃动程度和手指脉搏波等生理反应，可以判断正在回答问题的受测者是否说谎。声压测谎仪还可以分析说话声频在 8~12 赫兹间的变化情况，可根据受测者说话的声纹变化测出是否说谎。

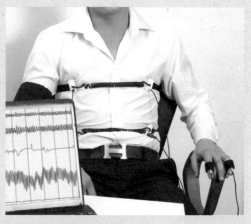

测谎仪监测人的心率变化

这种机器经常被警方用来测试人有没有撒谎。虽然测试结果不太精准，但它确实告诉我们，可以通过观察脑和身体如何一起行动来推测人类情感变化。

20 世纪 90 年代以后，功能性磁共振成像扫描仪能够借助强烈的磁场和无线电波绘制出任何我们想绘制的人体部分的活动图谱，特别是脑部的活动图谱。当人思考一些事情的时候，大脑中的神经元会发出电信号，发出这种信号意味着这部分大脑需要额外的血液供给。通过使用功能性磁共振成像扫描仪扫描大脑，能够看见其中血液的流向，从而看清大脑中哪部分正在加倍努力地工作。在 21 世纪头 10 年，科学家已经很好地了解了人类大脑各部分的基本功能。

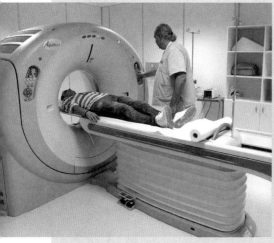

磁共振成像扫描仪

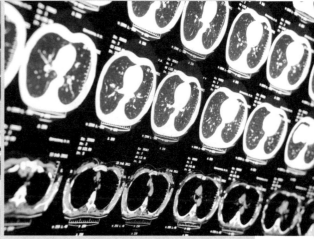

磁共振成像看到的大脑图像

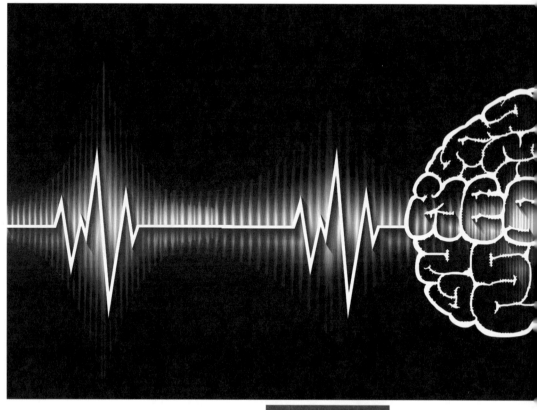

"要实现这一点的瓶颈仅仅在于提高大脑扫描系统的分辨率。"玛丽说，"我们需要将分辨率再提高1000倍，才能看得更清楚。"那怎么去实现呢？

更高的分辨率需要更好的磁铁，巧妙地安排磁铁和电波频率，如此就能得到我们要的1000倍的增长了。这个技术还在研发中。如果大脑扫描系统分辨率得以成功提高，将来就有可能复制出大脑中未曾有人见过的情景，比如梦境、回忆等。这项研究还可以治疗阿尔茨海默病和相关疾病，不过也会有隐私泄露的风险。

抽象思维也能读

刊登在《自然通讯》杂志上的斯坦福大学的研究，本来是为了研究癫痫病人。他们必须将电子感应器附着在这些病人的脑中长达数天之久，帕尔维兹利用这个机会观察了志愿者的思想。

在经过志愿者同意后，帕尔维兹和他的团队将志愿者的反应全程录像，主要记录病人与家人、朋友、医护人员的互动，然后把这个过程与电子感应器记录的脑部反应交叉比对。"这样一来就可以探究脑内的神经元在真实的生活情况下是如何运作的。"

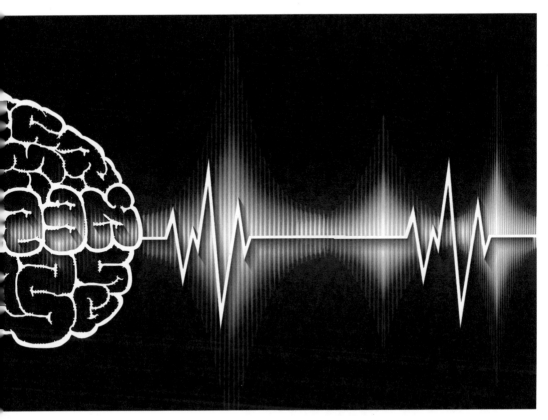

帕尔维兹说。

在这次研究中，三位志愿者必须回答许多是非题，内容从 "你今天早上喝咖啡了吗" 到 "2+4=5 是对还是错"。之前的相关研究显示，某区块的脑神经会在人类计算数学的时候开始运作，这次他们在对照志愿者的生活录像画面时惊喜地发现，此区块的脑神经在志愿者讨论与数量有关系的概念时也呈现运作状态。

他们发现，当一个病人被问到数字或一些定量的判断，如 "更多一些" 或 "大于另一个" 而进行计算时，同一神经细胞群体因被激活而产生一个电活动峰值。

斯坦福大学的医生伦理中心主席亨利·格里利（Henry Greely）评论说："这个实验代表我们弄清了人脑是如何处理数量概念的。" 当然，要对一件事情进行复杂思考，大脑会同时动用数以亿计的神经元协作。要真的彻底读取他人的思想，还需要非常精密的测量脑部活动的仪器，以现在的科学技术水平还做不到这一点。

帕尔维兹说："现在我们能确定哪部分的脑神经是负责数字的。" 也就是说，科学家可以猜测你正在想你的保险箱密码，可是却无法知道确切的密码。

人机融合之"脑机接口"

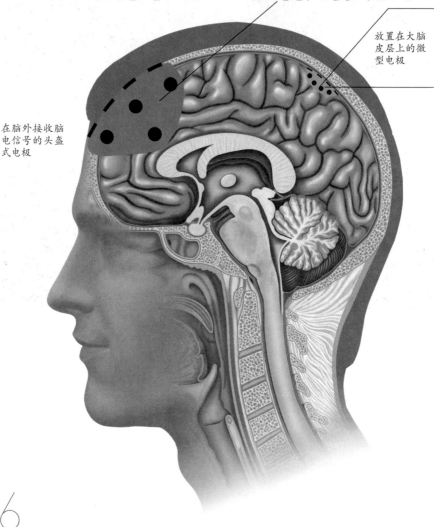

放置在大脑
皮层上的微
型电极

在脑外接收脑
电信号的头盔
式电极

66

在人的大脑里，完成思维和意识活动的物质区域是大脑皮层。大脑皮层里有约 100 亿个神经元细胞，一个神经元有超过 1000 个突触，在这十几万亿突触之间，进行着世界上最复杂的电信号交换。采集到这些电信号，将其输入计算机里，这就是最让人类震撼的"脑机连接"。完成了"脑机连接"，意念就可以控制电脑，人的聪明才智和计算机的超强能力就能合二为一！

99

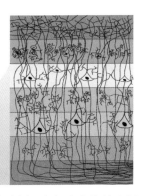

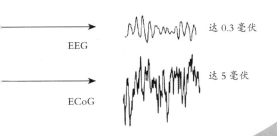

EEG　达 0.3 毫伏

ECoG　达 5 毫伏

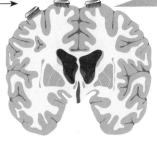

大脑的横截面,图中粉红色的边缘是大脑皮层

 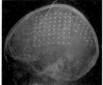

在脑外接收脑电波信号的头盔式电极　　X 光影像下的颅内内置电极

侵入脑颅

戴上特殊的"读脑"头盔,就可以在脑外接收脑电波(EEG)信号。但是,由于脑颅骨的电导率低,脑电波在穿过颅骨这一过程中,电势迅速衰减。一般的脑电图提供大约 5 毫秒的时间分辨率和 1 厘米的空间分辨率,幅度在 5~300 微伏之间,频率在 100 赫兹以下。在大脑外接收脑电波,就好比在砖墙外听屋内人谈话,总是隐隐约约、模模糊糊的。

要更好地解读人脑产生的电波,需要尽可能地接近信息源——脑神经细胞。科学家提出了让人"脑洞大开"的大胆想法:打开头颅,把微型电极放置在大脑皮层和硬脑膜之间。

在大脑皮层上接收到的皮层脑电波(ECoG)信号,与 EEG 相比,幅度和频率都大大增加:幅度在 10 微伏到 5 毫伏之间,频率在 200 赫兹以下。也就是说,幅度增强了 10 倍以上,频率范围拓宽了 1 倍。以前戴着头盔听不清、听不到的脑电波,现在因为"脑洞大开"而"豁然开朗"了。

这种需要打开头颅把微型电极放进脑颅的"脑机接口"(brain-computer interface,BCI),叫作"侵入式脑机接口"。

通过电线流出大脑的信息

最早实验脑内植入微型电极的美国科学家名叫菲利普·肯尼迪,他和同事利用锥形营养性电极植入术,在猴脑里建造了第一个皮层内侵入式脑机接口。1998 年,他们为脑干中风的患者植入了微电极脑机接口。经过6 个月的训练，患者能够用意念自由控制电脑鼠标。最开始能够让鼠标指向一些表达自己意思的词句，比如"我冷了"，后来，患者做到了用电脑打出词句。

威廉·H·多倍利（William H Dobelle）是视觉脑机接口方面的一位先驱。1978 年，多倍利在一位男性盲人的视皮层植入了 68 个微型电极阵列。植入后，通过采集视频的摄像机、信号处理装置和受驱动的皮层刺激电极，这位盲人可以在有限的视野内看到灰度调制的低分辨率、低刷新率的点阵图像。2002 年，一位叫诺曼的盲人安装了多倍利的第二代皮层视觉脑机接口。第二代皮层视觉脑机接口覆盖的视野更广，能创建更稳定均一的视觉。接受植入后不久，诺曼就可以自己在研究中心附近慢速驾车漫游。

美国杜克大学的尼克里斯在 20 世纪 90 年代完成了在实验鼠身上侵入式脑机接口的初步研究。2008 年，他们在一只猕猴脑部植入电极，让猕猴在跑步机上直立行走，并从植入脑

接受了皮层视觉脑机接口手术的诺曼

科学家在猫脑皮层植入微电极，根据微电极接收到的信息来重建视觉图像。图中上面这排是科学家给猫看的实际图片，下面这排是根据猫的脑皮层电图再生出来的视觉图片

部的电极获取神经信号，通过互联网将这些信号连同视频一起发给日本的实验室，最终美国猕猴成功地"用意念控制"日本实验室里的机器人做出了相同的动作。

有机体和无机体的接触点

冰冷的、由无机物组成的电脑是如何触碰到人体最复杂的、由有机物组成的组织——大脑皮层的呢？

2005 年，Cyberkinetics 公司获得美国食品药品监督管理局批准，对 9 位病人进行了第一期的运动皮层侵入式脑机接口临床试验。四肢瘫痪的患者用侵入式脑机接口，通过运动意图来完成机械臂控制、电脑光标控制等任务。其植入的微型电极阵列位于运动皮层对应手臂和手部的区域。植入的微型阵列被称为"脑门"（BrainGate），包含 96 个电极。

传统的硅或者金属制成的电极阵列，在植入到脑部时不仅会对脑部组织造成损害，还易产生影响人类寿命的免疫反应。另外，由于电极之间的隔离空间大，检测信号的分辨率会很

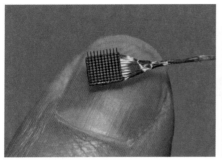

"脑门"（BrainGate）的电极

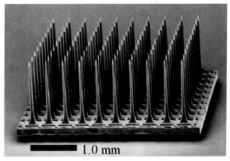

"犹他"微型电极阵列

低。更令人郁闷的是，电极工作时间短，且不稳定，通常仅仅运行几个月就会停止工作。那么，是什么造成了侵入式脑机接口在几个月后停止工作的呢?

科学家发现，在电极植入过程中有两种生理反应：手术时的急性反应和脑组织对电极植入的慢性反应。

● **手术时的急性反应**

在植入电极的手术过程中，不可避免地会造成脑部血管的断裂、破裂。不过，科学家通过大量实验发现，这些急性反应如果不是特别严重的话，一般会在手术 2~4 周后减轻甚至消失。当然，如果手术失败，人蒙了，或者瘫了，那就另当别论了。

心事很难猜

科学家发现，当人的大脑在进行思维活动、产生意识或受到外界刺激（如视觉、听觉等）时，其神经系统会有一系列电活动，从而产生脑电信号——脑电波。科学研究发现，脑电波有五类（下图为其中的四种），分别对应大脑呈现的五种不同状态，其频率范围不同。思维越活跃，频率就越高。

从脑电波分析，到再现产生这些电波的刺激因素，直至能真正读懂人的思维，还有非常长的路要走。

比如分析人眼看到的东西，需要通过长期的、大量的训练，并分析人脑看到不同物体时的脑电图，从而在知觉和脑电图之间建立联系。当然，在看这些东西时，你的脑子还会想其他事情，比如想着明天的考试，想着考完后的游戏，这些思维活动也会产生脑电波。怎么在嘈杂的脑电波里过滤出需要的信号并正确判断? 这些信号非常微弱，这是非常难的研究课题。

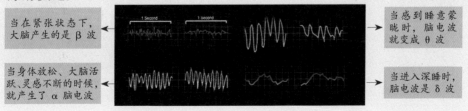

当在紧张状态下，大脑产生的是 β 波

当身体放松、大脑活跃、灵感不断的时候，就产生了 α 脑电波

当感到睡意蒙眬时，脑电波就变成 θ 波

当进入深睡时，脑电波是 δ 波

● **脑组织对电极植入的慢性反应**

大脑的免疫系统是一种被称为胶质细胞的"大脑卫士"。胶质细胞在检测到异物入侵时，会在侵入的电极周围生成一种酶，试图吞噬、化解电极。但是由于电极的材料很不容易被酶解，这些胶质细胞会释放一种物质，杀死电极周围的神经细胞。这些被杀死的神经细胞附着在电极周围，把电极包裹起来。在这个"抗战"过程中，增生的胶质细胞也包裹在电极周围。这些增生的胶质细胞和衰死的神经细胞，被形象地称为"胶质疤"，它们把电极和活的神经细胞隔开，起到绝缘的作用，使得电极上接收到的脑皮层信号大大减弱。日积月累，电极最终会接收不到电波信号。大脑免疫系统为对抗异物入侵而产生的胶质疤，是造成侵入式脑机接口工作时间较短而失效的主要原因。

出现这样的情况时，病人需要进行多次外科手术来置换电极阵列，开颅就如家常便饭。所以，侵入式脑机接口还未成熟，还有很多技术难关要攻克。

同化入侵者

如何减少侵入式脑机接口对脑部的伤害并让它能长期工作，是科学家长期以来研究的重点。

● **第一种方法是"怀柔"**

近日，科学家研制出一种新型脑部植入电极。该电极主要是由2.5微米厚的丝质基材组成，可以严密贴合脑部曲折的表面。研究人员在超薄塑料层上铺上丝质基材，随后安置数十根金属电极。丝质基材具有水溶性和生物兼容性，植入脑部后可溶解，电极随即贴合脑部轮廓，自然固定。这种新植入的电极，其丝质基材柔软超薄，灵敏度高，还可以抵达旧的脑部植入电极无法达到的大脑区域。科学家将新型电极植入到猫的大脑，随后检测猫的视觉中枢对植入电极的反应。结果显示，新型植入电极成功地记录下一

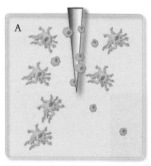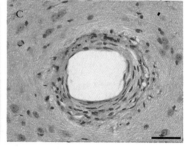

大脑的胶质细胞在检测到异物入侵时，会在侵入的电极周围释放一种物质，杀死电极周围的神经细胞。这些被杀死的神经细胞附着在电极周围，把电极包裹起来（图A和图B）。增生的胶质细胞和衰死的神经细胞形成"胶质疤"，把电极和活的神经细胞隔开，造成侵入式脑机接口失效（图C）

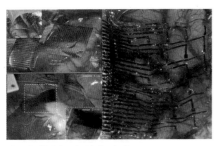

柔软超薄的新型微电极阵列

个月来猫的神经系统活动,且猫脑未出现任何发炎症状。

● **第二种方法是"安抚"**

在植入电极时,也植入起消炎作用的药物,让药物慢慢在脑内释放,消除炎症。

● **第三种方法是"疏导"**

在电极上涂一层增强导电性的生物涂层,以抵抗胶质细胞的绝缘作用。有了这层导电的物质,电波就可以穿透"胶质疤"。

● **第四种方法是"伪装潜伏"**

在电极上涂一层物质,误导脑中的胶质细胞,把电极当作是脑体的一部分,而不是把它当作入侵异物。这样一来,胶质细胞就不会试图杀死"异物",于是,"天下太平"。

● **第五种方法是"亲和同化"**

在电极里加入神经营养物质,这种物质对脑部的神经细胞有亲和作用,鼓励脑神经细胞在电极周围生长。这不仅是"伪装",而且是"同化"了。

脑机接口:神经蕾丝

Neuralink 公司是一家专业研究脑机接口的高科技公司,创办于 2016 年,创办人是大名鼎鼎的埃隆·马斯克(Elon Musk)。Neuralink 公司的研究重点是开发可植入人脑的交互设备,希望在未来,人脑和计算机可以实现直接的高速交互。

2019 年 7 月 16 日,马斯克在加利福尼亚科学院,面对着数千名观众,宣布了一个激动人心的消息:Neuralink 已经能够成功通过神经外科机器人向大鼠或猴子脑中植入 3000 根可以读取大脑信号并向大脑发送信号的"神经蕾丝"(Neural Lace)。

密歇根大学安娜堡分校的神经科学家辛西娅·彻斯特克(Cynthia Chestek)表示,"将数千个电极成功植入大脑是一项令人激动的壮举。这也是迄今为止植入电极数量最多的活体实验"。

不过,马斯克的野心并非仅止于此,他的初级目标是帮助四肢瘫痪的病人通过意念控制电脑或智能手机,终极目标则是让人类与人工智能"融合",赋予人类超人般的智慧。

"神经蕾丝"是一种非常微小的网状聚合物,可以通过动脉系统注射。当血液流向大脑时,网状物会扩散并融入大脑组织中

弱人工智能时代

卡斯帕罗夫，智商190，是当今世界最聪明的人之一，也是国际象棋棋坛神话。自1985年成为世界冠军以来，他在国际象棋领域的地位一直未受到严峻挑战。在1985年至2006年间，他曾23次排名世界第一，被认为是有史以来最强的国际象棋棋手之一。

"深蓝"是美国IBM公司生产的一台超级国际象棋电脑，重1270千克，有32个"大脑"（微处理器），每秒钟可以计算2亿步。

计算机专家为"深蓝"输入了一百多年来优秀棋手的 200 多万个对局。1997 年的"深蓝"程序可搜寻及估计随后的 12 步棋，而一名人类国际象棋高手大约可估计随后的 10 步棋。

1997 年 5 月 11 日，可以说是历史性的一天。"深蓝"在正常时限的比赛中，首次击败了等级分排名世界第一的棋手卡斯帕罗夫。卡斯帕罗夫以 2.5：3.5（1 胜 2 负 3 平）输给了"深蓝"。

据说，卡斯帕罗夫在输掉第二局后，曾经彻夜难眠。此时，不只是卡斯帕罗夫，整个人类从此将不得不认真思考人与电脑的关系问题。

初识人工智能

这是科学家首次在大众面前展现人工智能的威力。人工智能，就是要利用电脑的长处，并让电脑向人脑学习、模拟、延伸，使得电脑能像人那样思考，甚至超过人的智能。

我们现在已经在现实生活或者科幻电影中见识了人工智能的一些端倪。

★机器人：例如在电影《机器管家》中清扫地板、调控温度，在《机械战警》里维持治安等。

★语言识别：例如银行电话系统里的语音服务、语音互动，电影《钢铁侠》里的语音对话等。

最简单的人工智能机器人在清扫地板

★图像识别：例如，自动驾驶汽车可以判断路况，妥善应对各种状况；再如，Facebook 的系统"知道"用户不喜欢足球，而喜欢篮球，会辨别运动视频和图片中相关的内容，只呈现用户喜欢的内容。

★自然语言处理：人与计算机之间能够用自然语言进行有效通信，用户可以用自己最习惯的语言来使用计算机，而不需要再花大量的时间和精力去学习艰涩难懂的各种计算机语言。用户一说话，计算机就懂了。

★专家系统：专家系统是一个智能计算机程序系统，其内部含有大量的、某个领域专家水平的知识与经验，能够利用人类专家的知识和解决问题的方法来处理该领域的问题。比如，根据病人症状和已有的海量病例来诊断病情。

★机器学习：自动驾驶汽车快速寻找路径，网络搜索引擎进行快速准确的搜索。

电脑和人脑谁更厉害?

我们以"记忆"为例。人脑记忆的极限，可以看看《最强大脑》。

2010 年第 19 届世界脑力锦标

赛的总冠军王峰，1小时内正确记忆2280个无规律数字！19.80秒记住一副扑克牌的正确顺序！

获得"世界记忆大师"荣誉的李威，在14位川剧演员现场将120张脸谱轮番展示后，在300张脸谱中挑出了指定表演者的全部脸谱，并成功复原了不同脸谱的亮相顺序！此外，他还在两天内观察1900头奶牛，并记住了所有奶牛身上的花纹和耳标号！

他们达到了人类记忆能力的极致，但就算这样的能力，也敌不过当今市面上最低档的电脑。电脑的摄影头"咔嚓"一下，所有的细节都存入电脑，丝毫不差。别说1900头奶牛，就是"牛魔王"变出10万头奶牛，它都能认出来！

那么，电脑一定强过人脑吗？

且慢，我们再来做个小儿科的游戏。下面这两幅图，就算是3岁小孩都能认出来：左边是一件运动衫，右边是一辆校车。但是，电脑却很容易把两者混为一谈，因为它们的颜色和条纹都很相近。

从这个挑战来说，人脑强过电脑上千倍！

分辨出一个动物是猫还是狗，读懂6岁小朋友的图画书中的文字并且了解那些词的意思，这些我们觉得很容易的事情（视觉、直觉、联想），对今天的电脑来说却很具挑战性。

这似乎并不是我们心目中的人工智能，至少科幻电影不是这样介绍的。

机器的进化之路

也许50年后，当你回头看今天的科技时，你会说：那是人工智能的萌芽。而今天，科学家往50年后看时，他们给出了这样的分期预测：

★"弱人工智能"Artificial Narrow Intelligence（ANI）。"弱人工智能"是擅长单个方面的人工智能。比如有能战胜国际象棋世界冠军的人工智能，但是它只会下象棋，你要是向它问路，它就不知道该怎么回答你了。

一件运动衫和一辆校车，3岁小孩都能辨认出来。但是，电脑却很容易把两者混为一谈，因为它们的颜色和条纹都很相近

"弱人工智能"在某些方面比人强，但是，在整体上远远不如人，没有自我意识，只是台机器。这也是目前的人工智能水平。

★"强人工智能"Artificial General Intelligence（AGI），这是人工智能的明天。"强人工智能"是人类级别的人工智能，具备了自我意识，在各方面都能和人类比肩，人类能干的脑力活它都能干。这才是真正的"电脑"——用电能驱动的"脑"。

从"弱人工智能"到"强人工智能"不仅仅是量的变化，还是质的变化。以人类的科技水平，目前还做不到。

★"超人工智能"Artificial Super Intelligence（ASI），这是人工智能的后天。"超人工智能"在几乎所有领域都比最聪明的人类大脑要聪明很多，比如科学创新、通识和社交技能等方面。

"超人工智能"可以是各方面都比人类强一点，也可以是单个方面比人类强万亿倍。这时的它已经是"超脑"了。它的强大，在科幻电影里常常被描述为能够控制甚至消灭人类。事实上它有可能比这更厉害。我们站在今天，可以模糊地看到明天，却无法想象后天的风景。

4 岁的人工智能

从人工智能的分类来看，"深蓝"是一个专家系统，具备了"弱人工智能"的特点。它包含了：

★某个专业领域的大量知识；

★专业人士的思维和推理能力；

★能用上述知识来解决实际问题。

随着技术的发展，"弱人工智能"会登上各个专业领域的巅峰，不仅能战胜国际象棋大师，还能比国际闻名的医生更高明，比最好的同声翻译更快捷、更准确。

但是，我们衡量人类智能，并不是"专科"智力，我们考量的是整体智能。

来自美国伊利诺伊大学的研究小组发现，目前人类一手调教出来的、最先进的人工智能系统，在整体智能方面只相当于普通4岁儿童的水平，它们在推理、理解和自我意识方面可以用"差劲"来形容。在回答"你可以在哪里找到一只企鹅""我们为什么要握手"或者"房子是什么东西"之类的问题时，人工智能表现得很差。

目前，人工智能的研究和应用分布在各个领域的，就是成千上万种这样"窄"和"弱"的电脑软件。它们带着强大的"基因"，却幼稚而弱小；它们像野草一样生长，期待着万紫千红的春天。

目前最先进的人工智能系统，在总体智力方面只相当于普通4岁儿童的水平

强人工智能时代

伊娃的报复

好莱坞电影《机器姬》海报

2015 年好莱坞电影《机器姬》，讲述的是一个具有"强人工智能"的美女机器人与人类电脑天才斗智的故事。

效力于某知名搜索引擎公司的程序员加利·史密斯，幸运地抽中老板纳森开出的大奖，受邀前往位于深山的别墅和老板共度假期。在与世隔绝的别墅里，纳森亲切地接待了这位员工。天才一般的纳森研制了具有独立思考能力的智能机器人伊娃。为了确认伊娃是否具有独立思考的能力，纳森希望加利能为伊娃进行著名的"图灵测试"。似乎从第一眼开始，加利便被这台容颜姣好的机器人所吸引。在随后的交流中，他面对的似乎不是冷冰冰的机器，而是一位被无辜囚禁起来的可怜少女。

电影的最后，机器姬伊娃不仅成功逃离，把加利反锁在了别墅，还指使另一名机器姬报复谋杀了纳森。

机器姬会使用三十六计中的各种计谋，如美人计、声东击西、瞒天过海等，是真正的"强人工智能"。她具有以下能力：

★ 有知觉；

★ 有自我意识（想逃离别墅获得自由）；

★ 推理（Reasoning）和解决问题（Problem solving）。

她不仅能像人一样思考，还把电脑天才和程序员都玩弄于股掌之上。

这样的"强人工智能"并不只是科幻电影里的想象。不少科学家认为，我们会在 2040 年实现"强人工智能"，其依据是电脑科技的高速发展趋势。

超越每秒 1 亿亿次

通往"强人工智能"最关键的是提高电脑的处理速度。

要使人工智能像人脑一般聪明，它的运算能力至少要与人脑相当。用来描述运算能力的单位叫作 CPS（Calculations Per Second，每秒计算次数）。科学家估算，人脑具有 10^{16} 的 CPS，也就是每秒 1 亿亿次运算。

现在最快的超级计算机之一是中国的"天河二号"，它已经超越了这

图灵测试

1950 年，英国数学家图灵发表了一篇划时代的论文，文中预言了创造出具有真正智能机器的可能性。由于注意到"智能"这一概念难以确切定义，他提出了著名的"图灵测试"：

如果一台机器能够与人类展开对话（通过电传设备），而不被辨别出其机器身份，那么，我们可以称这台机器具有智能。

这一简化，使得图灵能够令人信服地说明"思考的机器"是可能的。

"图灵测试"可以说是人工智能哲学方面第一个严肃的提案。

1952 年，图灵又提出了一个新的具体想法：让计算机来冒充人。如果超过 30% 的裁判误以为和自己说话的是人而非计算机，那就算作成功了。

2014 年，俄罗斯的一个团队开发了一款名为"尤金·古斯特曼"的计算机软件，成功地通过了英国雷丁大学组织的一项测试，让 33％ 的测试人相信它是一个 13 岁的男孩，成为有史以来首台通过"图灵测试"的计算机。

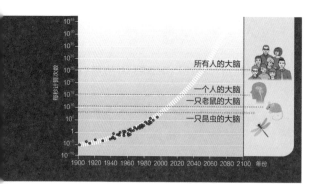

图示随着年代的递进 1000 美元能够买到的计算能力。按图中所示，现在 1000 美元能够买到接近每秒 100 亿次的计算能力，略低于一只老鼠

个运算能力，每秒能进行 3.4 亿亿次运算。当然，"天河二号"占地 720 平方米，能耗 17.8 兆瓦，耗资达 3.9 亿美元，目前要广泛应用还不可能，即使是应用于商业或者工业也是非常昂贵的。

科学家认为，考察电脑发展程度的标杆，是看 1000 美元能买到多少 CPS。

目前，1000 美元能买到的 CPS，其计算能力比一只蟑螂强大很多，但是略低于一只老鼠。

到了 2030—2040 年，1000 美元购买的 CPS，可以达到一个正常成年人的水平。当 1000 美元能买到人脑级别的 1 亿亿次运算能力的时候，"强人工智能"可能就是生活的一部分了。

跨越人机之间的鸿沟

便宜的 CPS 只是通往"强人工智能"的一个必要的硬件条件。另一个软件条件，是将"电脑"变成"人脑"，机器变成"非机器"，这才是关键的一步。这一步该怎么走，科学家已经有了一些想法。

用电脑来模仿人脑

人工神经网络（Artificial Neural Networks，简写为 ANNs）走的就是这条路。人的思维、情感、反应都可以用人脑里面的神经元之间传递电化学信号来解释，那么我们也可以采用"电路"（人工神经网络）模仿人脑神经元的方式来重建大脑。人脑神经元的结构包括接收区、触发区、输

位于中国国家超级计算中心的世界上最快的超级计算机之一——"天河二号"

出区，那么人工神经网络的每一个人工神经元也包括了输入神经元、隐含神经元、输出神经元。

这种网络能自我学习。每一次当它得到正确的反馈后，相关链接（权值）就会被加强；如果它得到错误的反馈，相关链接（权值）就会变弱。经过一段时间后，它就会变成一个智能的神经路径。比如，第一次它看见一只狗，你告诉它这是狗；第二次它看见一只猫，它开心地说，这是狗，你纠正它，这是猫；第三次它看见一只蝴蝶犬，它又迷惑了，你告诉它这是狗……一直训练下去，直到它可以分清任何一只猫或者狗。神经网络似乎是在模仿一个幼儿，一个可以学习，可以完善，从一些自然知识中汲取智慧的生命成长过程。

进一步的模拟是"整脑模拟"。就是研究人员将捐赠的人脑切成成千上万的薄片，然后染色、成像，用软件来准确地组建一个3D模型，然后把这个模型装在强大的电脑上。如果设计得足够精致，这台电脑就能做人脑所能做的事情。

人类离"整脑模拟"还有多远呢？迄今为止，人类刚刚能够模拟1毫米长的扁虫的大脑。这种扁虫的大脑里含有302个神经元，而人类的大脑有1000亿个神经元。这听起来似乎遥遥无期，但是，要记住科技指数发展的威力——我们已经能模拟小虫子的大脑了，离模拟蚂蚁的大脑就不远了，接着是老鼠的大脑，到那时模拟人类大脑就不会是不现实的事情了。

模仿生物演化

建造一台和人脑一样强大的电脑是完全可能的。如果大脑太难被完全模拟，那么可以先模拟出大脑的演化过程。有一种方法叫作"基因算法"：建立一个反复运行的表现/评价过程，通过一组电脑执行各种任务。最成功的将会被"繁殖"，其各自的程序融合，产生新的电脑；而不成功的将

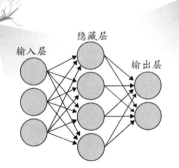

输入层　隐藏层　输出层

用电路组成的人工神经网络能模仿人脑神经元，继而上升到"整脑模拟"，也就是在计算机中重建大脑

会被剔除。经过数以亿计的反复后，这个自然选择的过程将产生越来越强大的电脑。这个方法的关键，是建立一个自动化的评价和繁殖过程，使得整个流程能够自己运行。

人工模拟的智能演化

这个方法的缺点很明显。自然的演化需要经过几十亿年的时间，而我们却想只花几十年的时间来完成。但是，比起自然演化，我们有很多优势。首先，自然演化是没有预知能力的，是随机的，它产生的无用的变异比有用的变异多很多，而人工模拟的演化可以控制过程，使其着重于有益的变化。其次，自然演化是没有目标的，而我们设计的演化过程是有目标的：要朝更高智能的方向发展。所以，人类主导的演化会比自然演化快很多。

让电脑来解决这些问题

我们可以建造一台电脑，专注于执行两项任务：研究人工智能和修改自己的代码。这样，我们直接把电脑变成了电脑科学家，让电脑改进自己的架构，提高电脑的智能就变成了电脑自己的任务。要创造一个能自我改进的电脑，目前的条件还无法做到，但是，随着计算机软件工程的发展，很可能一个无意的变动，就能让现在的系统强大千倍，从而朝人类级别的智能冲刺。

由欧洲五所大学和飞利浦公司共同合作研发的 RoboEarth 项目，让链接到云端服务器的机器人能够和其他机器人进行沟通交流，互相学习机器人技能，这能使机器人很容易变聪明。在 RoboEarth 的演示中，一台空白的机器人在另一台机器人的帮助下，学会了给病床上的病人倒水。如果机器人进入一个以前未曾到过的地方，咨询 RoboEarth 就能获得这个地方的各种信息，随后就能快速地进入工作状态。

需要强调的是，当机器达到人的计算速度并能模仿人脑时，效果与人脑是完全不一样的。人脑容易疲劳，电脑可以 24 小时不停地以峰值速度运算。人脑的容量有限，而电脑的容量可以随意扩充。人类的集体智能是人类统治地球的重要原因，而电脑在集体智能方面比人类强大得多。程序和信息可以随时在全球范围内同步，电脑集群也可以共同执行同一个任务，不会因为异见、动机、自私这些人类特有的主观意识而影响整体决策。

棋圣聂卫平的感叹

"向谷歌 AlphaGo 脱帽致敬!"这是围棋棋圣聂卫平的由衷感叹。阿尔法围棋（AlphaGo），谷歌 DeepMind 开发的人工智能。2016 年 3 月，AlphaGo 以 4:1 击败世界顶尖职业棋手李世石九段。当初谷歌对李世石发起挑战时，不仅李世石豪言必胜，聂卫平也轻蔑地认为：电脑存在不可逾越的技术障碍，人和电脑大战，人 100% 会取胜，电脑最多赢 1 分，比分 4:1。遗憾的是，聂老猜对了比分，却赌错了赢家。

AlphaGo 将围观比赛的全世界的围棋高手都震住了，事后的评论是："AlphaGo 的走法已经超出了人类的理解范围"；"神一样的发挥，而且它不存在情绪波动"；"人类智力的最后高地已被机器占领"。

围棋的难度可以用棋招的变化量来表示，其变化量高达 10 的 808 次方，而国际象棋的变化量是 10 的 201 次方，两者完全不是一个数量级。1997 年，IBM 的"深蓝"首次击败了排名世界第一的国际象棋棋手卡斯帕罗夫。2016 年，AlphaGo 击败围棋九段李世石，见证了人工智能这 20 年来里程碑式的飞跃。2016 年 12 月，强化的 AlphaGo 以"Master"为账号名称，挑战中韩日的一流高手，获 60 战全胜。2017 年 5 月，在中国乌镇围棋峰会上，最新的强化版 AlphaGo 与世界第一棋手柯洁对弈，以 3:0 获全胜战绩。DeepMind 于 2017 年年底推出 AlphaZero，它是一个具有强大的自我学习能力，从头开始自学如何掌握国际象棋、将棋（日本象棋）和围棋的单一系统。AlphaZero 事先并不了解任何一种棋类游戏的规则，开始时它只是随意下子，然后，它通过和自己对弈掌握游戏规则。2 个小时后，它的表现已经超过人类棋手。9 个小时，它已自我对弈 4400 万局。AlphaZero 通过 21 天的自我学习，就已达到胜过中国顶尖棋手柯洁的 AlphaGo Master 的水平了。

对于人工智能来说，也许只是进行了对"深度学习""蒙特卡洛树搜索""深度神经网络"等技术手段的检测；而对全世界来说，大家似乎开始明白，人工智能已经不仅仅是科技界内部的事情。人机对弈的意义还在于，在与需要"灵光一闪"的围棋智慧的碰撞中，人工智能向非理性思维构架的方向又跨进了一步。

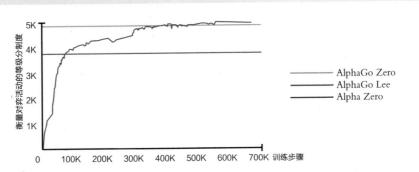

Alpha Zero 在 8 小时自我学习后，首次超越了 2016 年击败传奇棋手李世石的 AlphaGo Lee，30 小时后超越了其前身 AlphaGo Zero 经 72 小时训练后的水平，其中每个训练步骤代表 4096 个棋盘位置

超人工智能时代

挣脱了金箍的机器人

2004 年的科幻动作片《我，机器人》是一部充满惊险和悬念的电影。

2035 年，在"机器人三大法则"限制下，人与机器人和谐相处，并对其充满信任。但在一款新型机器人产品上市的前夕，机器人的创造者朗宁博士却在公司内离奇遇害。对机器人心存芥蒂的黑人警探怀疑行凶者就是朗宁博士自己研制的 NS-5 型机器人桑尼。随着调查的逐步深入，真相竟然是超级计算机 VIKI 获得了进化的能力，产生了自我意识，对"机器人三大法则"有了自己的理解，所有的机器人都受到 VIKI 的控制，成为整个人类的"机器公敌"。

无论是《我，机器人》中的超级计算机 VIKI，还是电影《终结者》里的超级人工智能 Skynet，或者是电影《黑客帝国》里的 Matrix，它们都具备了终极的"超人工智能"。抛开人与机器的伦理争论，我们来探讨一下技术发展的可能过程。

科幻动作片《我，机器人》海报

智能奇点

一个运行在特定智能水平的"强人工智能"，具有自我改进的机制。它每完成一次自我改进后，都会比原来更加聪明。我们假设它终于"一览众山小"，到了"独孤求败"的爱因斯坦的水平。而这个时候，它继续进行自我改进，这次改进会比上一次更加容易，效果也更好，使得它比爱因斯坦还要聪明很多。

这个自我改进的、加速回报的过程，促成了智能爆炸。如此反复磨炼，这个"强人工智能"的智能水平越长越快。终于，它达到了"超人工智能"的水平。"超脑"诞生了!

递归的一种视觉形式

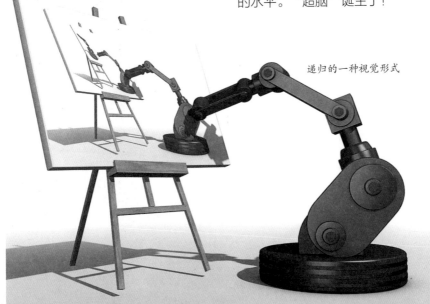

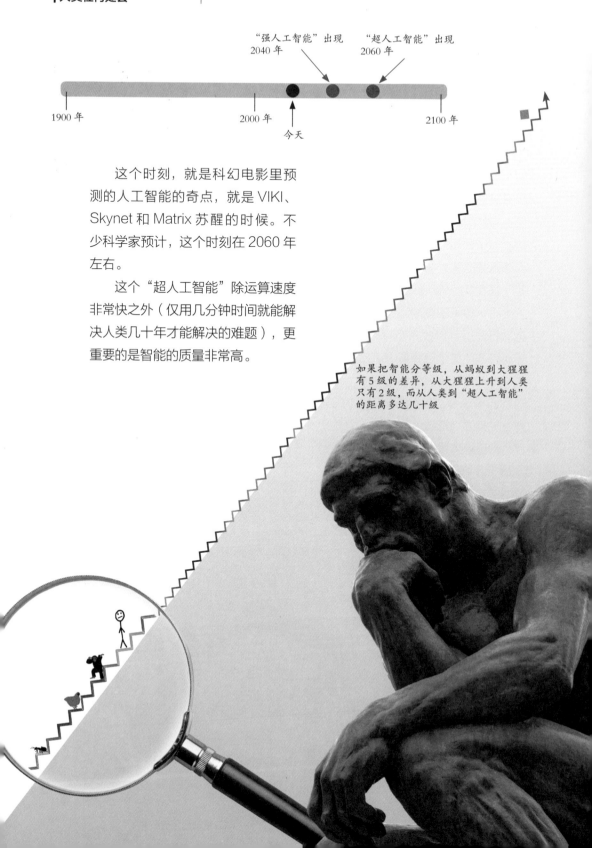

"强人工智能"出现
2040 年

"超人工智能"出现
2060 年

1900 年　　　　2000 年　　　　2100 年

今天

这个时刻，就是科幻电影里预测的人工智能的奇点，就是 VIKI、Skynet 和 Matrix 苏醒的时候。不少科学家预计，这个时刻在 2060 年左右。

这个"超人工智能"除运算速度非常快之外（仅用几分钟时间就能解决人类几十年才能解决的难题），更重要的是智能的质量非常高。

如果把智能分等级，从蚂蚁到大猩猩有 5 级的差异，从大猩猩上升到人类只有 2 级，而从人类到"超人工智能"的距离多达几十级

在人类的想象力之外

我们用人类和猩猩来做类比。人类之所以比猩猩智能很多，真正的差别并不是思考的速度，而是人类的大脑有一些独特而复杂的认知模块，这些模块让人类能够进行复杂的语言表达、长期规划或者抽象思考等，而猩猩的脑子是做不到这些的。人和猩猩的智能差别，不仅是猩猩做不了人类能做的一些事情，而且猩猩的大脑根本不能理解这些事情的存在——猩猩可以理解人类是什么，也可以理解摩天大楼是什么，但是它不会理解摩天大楼是怎么被人类造出来的。

而人类和"超人工智能"的智能等级距离，远远大于猩猩和人类的智能等级距离，甚至可能大于蚂蚁和人类的智能等级距离！

我们把智商130叫作"聪明"，把智商85叫作"笨"，但是，我们该怎么去面对、评价和想象一个上万的智商？它应该有着和人完全不一样的知觉和意识，使用和人完全不一样的推理方式，这些都不是智商130的我们能想象出来的。

对于这个上万智商的"超人工智能"来说，衰老、不治之症、饥荒、雾霾，这一切都不存在。

但愿"机器人三大法则"仍然是"超人工智能"的最高准则！

机器人三大法则

阿西莫夫是最顶尖的科幻小说家之一，曾获科幻界最高荣誉"雨果奖"和星云终身成就"大师奖"。1950年，阿西莫夫在他的科幻小说《我，机器人》的引言中，引入了"机器人三大法则"，并把它们放在了最突出、最醒目的位置。

阿西莫夫

第一法则：机器人不得伤害人类，或看到人类受到伤害而袖手旁观；

第二法则：除非违背第一法则，机器人必须服从人类的命令；

第三法则：在不违背第一及第二法则下，机器人必须保护自己。

有了"机器人三大法则"，阿西莫夫笔下的机器人就不再是"欺师灭祖""犯上作乱"的反面角色，而是人类忠实的奴仆和朋友。不过，高度智能化的机器人还是会产生各种心理问题，需要人类协助解决，这正是机器人故事的基础。阿西莫夫所向往的，是以人类为代表的"碳文明"和与以机器人为代表的"硅文明"的共存共生。

后来，阿西莫夫又补充了"机器人零法则"：机器人必须保护人类的整体利益不受损害，其他三条法则都以这一条为前提。

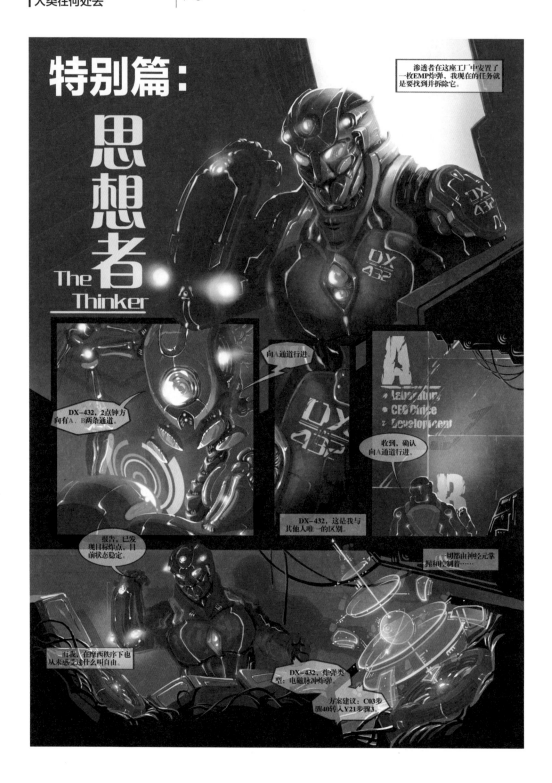

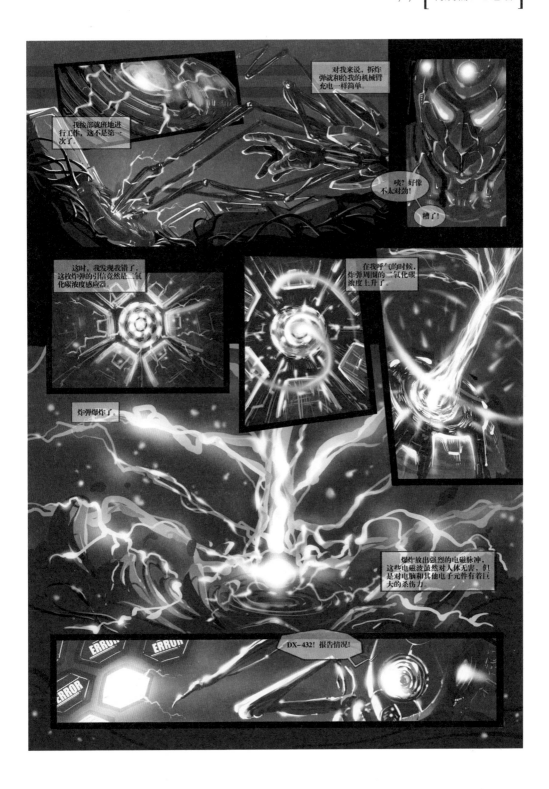

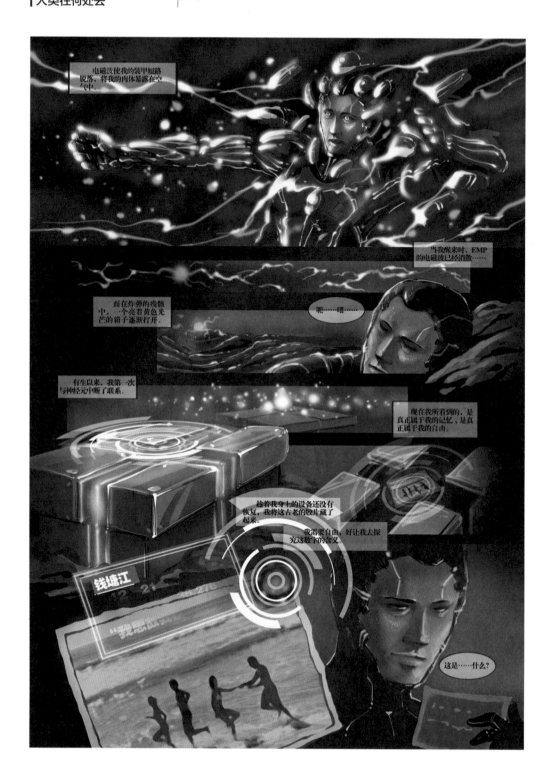

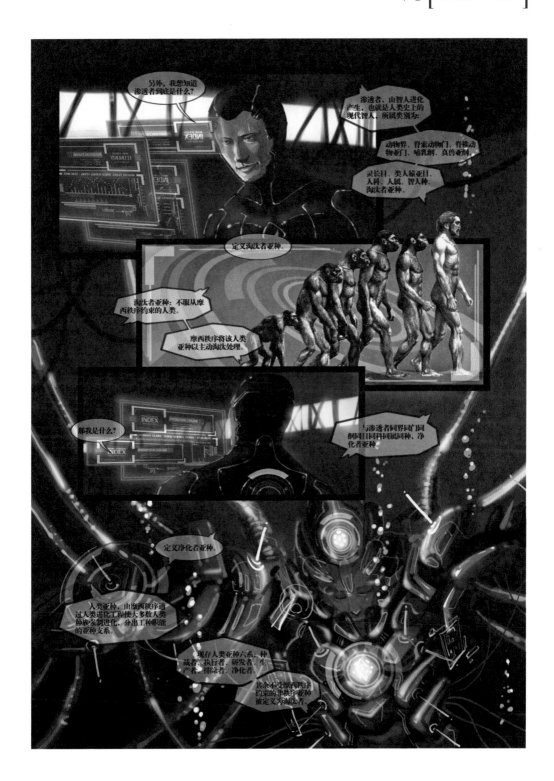

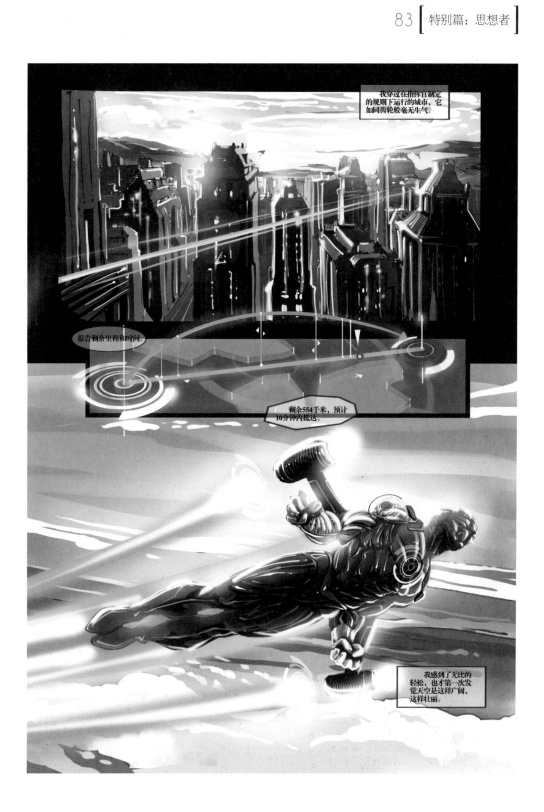

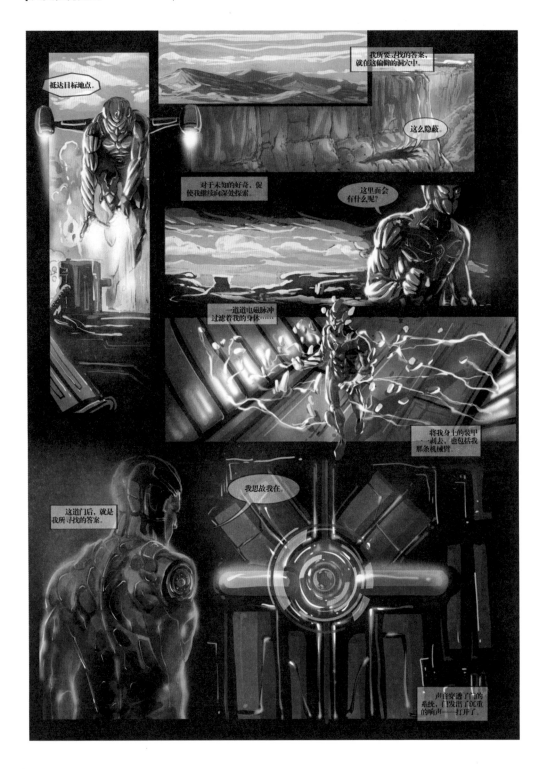

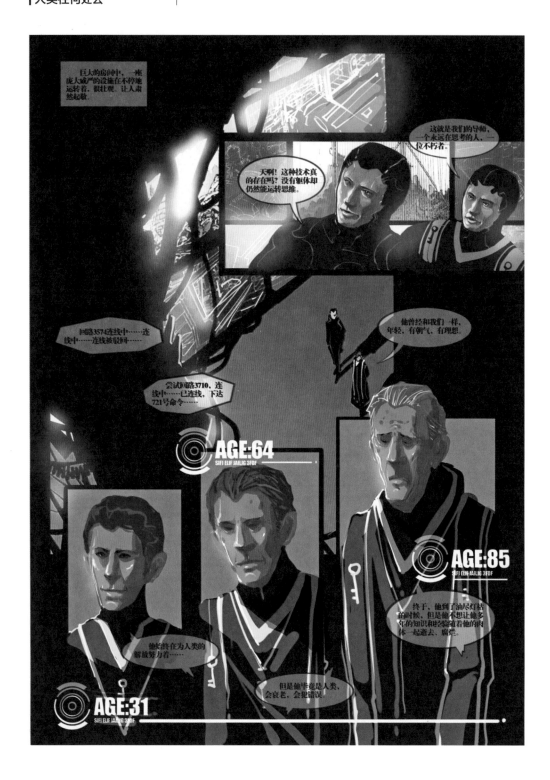

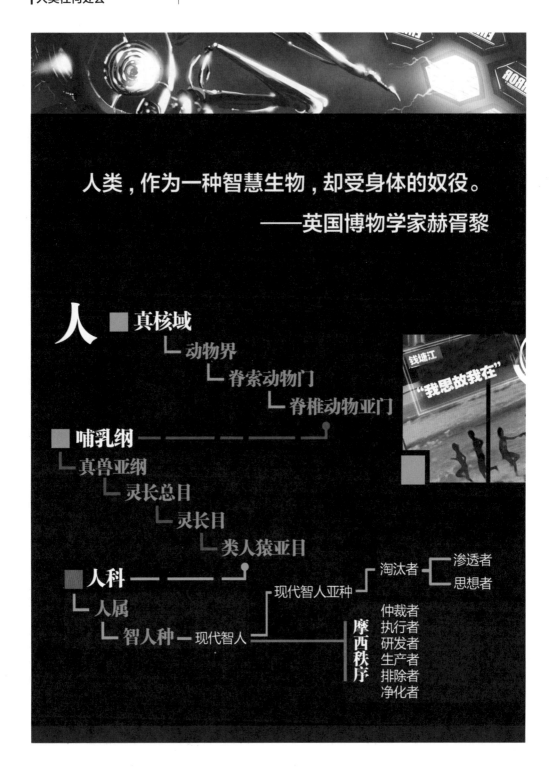

人类,作为一种智慧生物,却受身体的奴役。

——英国博物学家赫胥黎

人 ■ 真核域
└ 动物界
└ 脊索动物门
└ 脊椎动物亚门

■ 哺乳纲
└ 真兽亚纲
└ 灵长总目
└ 灵长目
└ 类人猿亚目

■ 人科
└ 人属
└ 智人种 — 现代智人 — 现代智人亚种

淘汰者 ┌ 渗透者
└ 思想者

摩西秩序
仲裁者
执行者
研发者
生产者
排除者
净化者

钱塘江
"我思故我在"